21 世纪高等教育给排水科学与工程系列教材

建筑给排水工程 BIM 设计

主　编　宋晓明　邓俊杰　李志勤　宁海燕

参　编　奉　伟　李雪莹　史　峰　叶洪强
　　　　赵修艮

机 械 工 业 出 版 社

本书以 Revit 2018 为教学软件，主要内容涵盖软件的基础知识与操作，给排水相关管道、阀门附件、设备的建模与修改，标记出图的创建与设置，由浅入深，全方位讲解如何使用 Revit 软件进行建筑给排水的设计建模与出图。书中介绍了各种类型族的制作方法与技巧，可用于扩展的高级应用，并为 BIM 设计提供了高效、实用的技术应用。书中最后提供了建筑给排水工程 BIM 设计案例作为参考。

本书可作为高校给排水科学与工程专业教材，也适用于软件初学者以及对 Revit 有一定基础但无法实现设计出图的工作者，同时也可作为电气、暖通等专业工程技术人员设计建模和出图参考。

本书配有 ppt 电子课件，免费提供给选用本书作为教材的授课教师。需要者请登录机械工业出版社教育服务网（www.cmpedu.com）注册下载。

图书在版编目（CIP）数据

建筑给排水工程 BIM 设计/宋晓明等主编. —北京：机械工业出版社，2021. 10
21 世纪高等教育给排水科学与工程系列教材
ISBN 978-7-111-69285-0

Ⅰ. ①建⋯　Ⅱ. ①宋⋯　Ⅲ. ①建筑工程-给水工程-计算机辅助设计-应用软件-高等学校-教材②建筑工程-排水工程-计算机辅助设计-应用软件-高等学校-教材　Ⅳ. ①TU82-39

中国版本图书馆 CIP 数据核字（2021）第 201586 号

机械工业出版社（北京市百万庄大街 22 号　邮政编码 100037）
策划编辑：刘　涛　责任编辑：刘　涛　舒　宜
责任校对：张晓蓉　封面设计：陈　沛
责任印制：常天培
北京机工印刷厂印刷
2022 年 1 月第 1 版第 1 次印刷
184mm×260mm · 9.5 印张 · 212 千字
标准书号：ISBN 978-7-111-69285-0
定价：36.00 元

电话服务

客服电话：010-88361066
　　　　　010-88379833
　　　　　010-68326294
封底无防伪标均为盗版

网络服务

机　工　官　网：www.cmpbook.com
机　工　官　博：weibo.com/cmp1952
金　书　网：www.golden-book.com
机工教育服务网：www.cmpedu.com

前　言

在传统建设项目中,项目的设计采用二维视图进行表达,这样的表达方式常常带来如平面图与立面图不一致、平面图与大样图不一致、理解错误、无法表达等问题,严格来讲,这些问题存在很大的人为因素,但同时也是不可避免的。在目前国内的建设体系中,项目的工期并不允许设计人员花费大量的时间来校对设计图,同时,由于设计人员的经验有限,不能完整地解决设计图的问题,这将给工程项目的设计带来不可预见的修改,造成大量时间与资源的浪费。

BIM 是一款信息化的表达工具,在其中绘制的构件具有唯一性,不管从平面图、立面图,还是从三维视图,所看到的构件都是唯一且真实的构件,在出图时只需要所绘制构件不同视角的视图,从设计本身极大地保证了信息表达的统一性。同时,BIM 中的模型可以通过三维多视角进行观看,工程建设人员可以通过形象化的展示深入理解设计构想,减少信息传递过程中的认知错误。

BIM 中的构件具有与现实生活中构件一致的属性信息,包括构件的外形、材质等真实属性信息,在 BIM 模型上可以准确提取或写入每一个构件的相关信息,并运用到如造价计算、工程管理、运维管理等建筑全生命周期中,借助信息化的技术手段,实现高效便捷的工程项目管理。

目前 BIM 技术的发展受到一定的技术局限,本书主要讲解如何利用 Revit 进行建筑给排水工程 BIM 设计,希望大家通过学习,将 BIM 应用到更多的领域。

本书的编写分工如下:

第 1 章	BIM 概述	宋晓明
第 2 章	Revit 的安装	李志勤
第 3 章	Revit 基础知识	宋晓明　奉　伟
第 4 章	Revit 基础操作	宁海燕　叶洪强
第 5 章	Revit 显示设置	赵修艮　史　峰
第 6 章	Revit 族的自定义	李雪莹　奉　伟
第 7 章	Revit 图纸创建与导出	李志勤　邓俊杰
第 8 章	Revit 高级应用	宁海燕　李雪莹
第 9 章	建筑给排水工程 BIM 设计案例	宋晓明　邓俊杰

编　者

目　录

BIM 概述

1.1　什么是 BIM

　　BIM 为英文 Building Information Modeling 的缩写，即建筑信息模型。BIM 是以三维数据为基础，集成建筑工程中所有构件信息的工程数据模型，是一种应用于工程设计、建造、管理的数据化工具。BIM 技术通过对建筑的数据化、信息化模型整合，在项目策划、运行和维护的全生命周期过程中进行共享和传递，使工程技术人员对各种建筑信息做出正确理解和高效应对，为设计团队以及包括建造、运营单位在内的各方建设主体提供协同工作的基础，在提高生产效率、节约成本和缩短工期方面发挥重要作用。

1.2　BIM 的发展史

1.2.1　BIM 的发展历程

　　BIM 起源于二十世纪七十年代，美国佐治亚理工大学的伊斯特曼（Eastman，BIM 之父）提出"未来可以对建筑体以计算机系统仿真"，并将这种系统命名为"Building Description System"。

　　从二十世纪七十年代到二十世纪九十年代初，由于受限于计算机 16 位 CPU 内存的限制、绘图运算处理效能低、科学认知限制等因素，当时全球主要的绘图行业供应商都致力于在硬件技术上寻找突破点，用于研发计算机辅助绘图、设计与仿真系统，但由于硬件研发成本过高以及软件功能的限制，通过硬件提供计算机仿真技术只能用于实验室研究使用。

　　到了二十一世纪，科技飞速发展，软、硬件供应商均在技术领域有了极大的提升，在硬件方面有了专业的绘图芯片与多核处理器，可执行高效、复杂、多样的计算机运算，同时，在软件方面，各大公司提供了更为全面、算法更为完善的专业计算软件，使得建筑行业的 BIM 得以发展。

　　如今，BIM 已经成为建筑产业中能够解决实际问题，并能提供高效生产力的工具。不只是软件本身的技术支持力度得到提升，而且全球主流 BIM 软件商如：Autodesk、Bentley、

Tekla、ArchiCAD 也慢慢跟随信息科技发展，逐渐提供开放的 BIM 二次开发接口。以 Autodesk Revit SDK 为例，Revit SDK 提供了二次开发接口，可以通过接口读取、写入信息，以此实现对设备信息、材料编码、物料、设备、人员、时间及成本等属性的管理，并建立 BIM 构件数据库，将构件数据库延伸并整合到 AR、VR、智能楼宇系统、4D 进度管理、5D 成本控管、设施管理、资产管理，以及维护运营管理等方面的管控，同时将物联网、互联网、云端及大数据技术整合，可实现虚拟与现实世界的多维数字化建造管理。

1.2.2　BIM 的发展现状及趋势

近几年，BIM 已成为建设行业的一大热点，据有关调研报告显示，全球 BIM 市场规模将从 2019 年的 70 亿美元增长到 2025 年的 163 亿美元，复合年增长率达 15.15%。在国外，BIM 在许多国家已经得到广泛的推广：

在英国，政府明确要求 2016 年前企业实现 3D-BIM 的全面协同。

在美国，政府自 2003 年起，实行国家级 3D-4D-BIM 计划；自 2007 年起，规定所有重要项目通过 BIM 进行空间规划。

在韩国，政府要求 2016 年前实现全部公共工程的 BIM 应用。

在新加坡，政府成立了 BIM 基金；要求 2015 年前，超八成建筑业企业广泛应用 BIM。

在日本，各大软件技术公司成立国家级软件联盟，期望研发出日本的国产 BIM 软件解决方案。

国内同样在迅速发展 BIM。一些国内大型的公司开始试点推行 BIM 技术，涌现出如奥运村空间规划及物资管理信息系统、重庆市黔江区展览馆、世博会中国馆、上海案例馆、国家电力馆、上汽通用企业馆、国家南水北调工程等不少的 BIM 应用案例。

面对 BIM 发展趋势，我国接连出台相应政策持续推动 BIM 技术发展，建设部在 2003 年发布了《2003—2008 年全国建筑业信息化发展规划纲要》，住房和城乡建设部在 2011 年发布了《2011—2015 年建筑业信息化发展纲要》，强调要加快 BIM 等新技术在工程中的应用，在"十三五"规划中，明确提出加大信息化推广力度和 BIM 的技术应用。2015 年，住房和城乡建设部下发《关于推进建筑信息模型应用指导意见的通知》，其中提到，到 2020 年末，建筑行业甲级勘察设计单位，特级、一级建筑施工企业应实现 BIM 技术与企业管理系统和其他信息技术的一体化集成应用，到 2020 年末，国有资金投资为主的大中型建筑、申报绿色建筑的公共建筑和绿色生态示范小区等，这些项目的勘察设计、施工、运营维护中，应用 BIM 的项目率要达到 90%。2016 年，住房和城乡建设部下发《2016—2020 年建筑业信息化发展纲要》。2017 年国务院下发《国务院办公厅关于促进建筑业持续健康发展的意见》。2018 年，住房和城乡建设部下发《城市轨道交通工程 BIM 应用指南》。越来越多关于 BIM 的推进政策陆续推出，BIM 技术也逐步向全国各城市推广，同时，各地方政府在国家政策的号召下，相继提出各地方 BIM 应用政策，由此工程行业 BIM 的推广热潮席卷而来，各大行业争先抢夺 BIM 技术人才，以期待在 BIM 的潮流中获得质的提升。

1.3　BIM 软件的特点

BIM 具有以下五个特点：

1. 可视化

可视化即看得见的数据，对于建筑行业来说，三维可视化的作用是非常大的，现场的建筑工人拿到了二维的施工图，只能从二维的线条关系去判断构件的形态，但是其真正的样式被想象出来并不容易，甚至因为人们各自的认知不同，所得出的结果也不同。BIM 提供了可视化的方案，将以往用线条表达的构件采用三维的立体实物模型展示在人们的面前。当然，建筑业也有设计效果图和设计模型，可以提供可视化，但是这种效果图和模型需要人为地在二维图形与三维模型之间进行转换，二维图形目前来说是一种良好的表达工具或表达方式，因此暂时还是需要用到二维图形，但如果需要一套模型与图形完全一致的表达方式，只有通过人为根据图形翻模或者根据模型绘图，这两种方式几乎不可能保证图形与模型的一致性。BIM 提供了一个全面的图模一致平台，可以在模型上进行可视化的互动，为项目设计、建造、运营过程中的沟通、讨论、决策提供更精准、更便于理解的工具。

2. 协调性

协调是建筑业中的重点内容，不管是施工单位，还是业主及设计单位，都在做着协调及相关配合工作。在传统的设计过程中，往往由于各专业设计师之间的沟通不到位，出现专业之间的碰撞是常见的问题，特别是对于目前国内的建设速度，几乎没有时间进行管线综合优化，即使大家希望将项目做到完善，但由于二维图形表达方式的局限性，需要人在大脑中将二维的图形转换为三维的模型，很容易造成疏漏或者考虑不完善。BIM 的协调性可以很好地处理这个问题，大家可以在绘图过程中通过整合的模型，实时地查看各专业的三维模型，实现全面的设计协同。当然，BIM 的协调作用也并不是只能解决各专业间的碰撞问题，它还可以解决例如净高不足、各专业复杂区域表达、空间合理性等问题。

3. 模拟性

模拟性并不只是能模拟出设计的建筑物模型，它还可以模拟在真实世界中不能进行实际操作的事物。在设计阶段，BIM 可以借助三维模型进行数据分析的模拟实验，例如节能模拟、紧急疏散模拟、日照分析模拟等；在招标投标和施工阶段可以进行 4D 模拟，根据施工的时间计划模拟实际施工，从而确定合理的施工方案来指导施工，还可以进行 5D 模拟，即融入成本相关信息，从而实现准确的工程造价控制；后期运营阶段可以实现日常紧急情况的处理方案模拟，例如地震时人员逃生模拟、消防人员疏散模拟等。

4. 优化性

事实上整个设计、施工、运营的过程就是一个不断优化的过程，虽然优化和 BIM 不存在必然的联系，但在 BIM 的三维数据基础上可以做更好的优化。优化受到三种因素的制约：信息、复杂程度和时间。没有准确的信息，做不出合理的优化结果。BIM 能提供与建筑物构件属性一致的信息，包括几何信息、物理信息、规则信息，还可以提供建筑物变化以后的真实信息。而在复杂程度方面，对于复杂的建筑，参与人员本身的能力无法掌握所有的信息，而 BIM 能够提供集成的数据模型，涵盖整个建筑所有的信息，可以大大降低复杂建筑信息处理的难度。

5. 可出图性

BIM 不仅能创造可视化的三维模型，还能转换为二维图。在传统的工程项目中，二维与三维是分开进行的，这也是源于软件的工作方式不同，而这种工作方式最大的问题便是如何保证模型与图形的统一性。在很多项目中，模型展现的效果直观而漂亮，但通过二维图再将信息传到现场施工，最终出来的结果与模型展示的效果差距甚大。

而 BIM 自身软件的优势在于既能提供三维模型，也能提供二维图，构件是唯一的，这将从源头上解决图形与模型的一致性，不再需要进行单独的建模或者绘图，只需要一套完整的建筑信息模型即可。

1.4 BIM 软件介绍

广义上讲，以三维图形为主、真实物件导向、建筑学有关的计算机辅助设计都应该称为 BIM。目前 BIM 核心建模软件主要有：

1）Revit 是 Autodesk 公司的一款建模软件，是目前国内 BIM 建模的主流软件。主要用于进行建筑信息建模，Revit 能够记录建筑构件的属性信息，涵盖建筑内所有专业的设计，对于常规建筑有着很好的建模效果，在异形及超大模型方面比较困难。

2）Bentley 建筑、结构和设备系列软件，常用于工业设计（石油、化工、电力、医药等）和基础设施（道路、桥梁、市政、水利等）领域。

3）CATIA 是达索公司的产品，在航空、航天、汽车等领域占有很大的市场份额，对于复杂形体制作有强大的优势，常用于机械制造领域。

目前市场上的 BIM 软件种类很多，可达上百款，每一款 BIM 软件都有自己不同的优势之处，因此应该根据项目的情况进行选择。本书教学采用的 BIM 软件为 Revit 2018。

注：本章参考了百度百科、Revit 中文网、BIM 网中的部分内容。

第 2 章
Revit 的安装

2.1 Revit 安装包的获取

Revit 在国内的使用率较高，可以通过以下途径获取软件安装包：

在 Autodesk 官网进行下载，官网地址 https://www.autodesk.com.cn/。

2.2 Revit 安装步骤

在下载 Revit 安装包后，解压安装包，并执行安装步骤：

1）单击解压文件中的可执行文件 Setup.exe，安装文件夹如图 2-1 所示。

pl-PL	2017/7/13 12:18	文件夹	
pt-BR	2017/7/13 12:18	文件夹	
ru-RU	2017/7/13 12:18	文件夹	
Setup	2017/7/13 12:18	文件夹	
SetupRes	2017/7/13 12:18	文件夹	
Utilities	2017/7/13 12:18	文件夹	
x64	2017/7/13 12:20	文件夹	
x86	2017/7/13 12:20	文件夹	
zh-CN	2017/7/13 12:20	文件夹	
zh-TW	2017/7/13 12:20	文件夹	
autorun.inf	2002/2/22 23:35	安装信息	1 KB
dlm.ini	2017/3/2 1:19	配置设置	1 KB
Setup.exe	2017/1/18 19:50	应用程序	980 KB
Setup.ini	2017/2/24 22:33	配置设置	68 KB

图 2-1　安装文件夹

2）在安装启动界面单击"安装"按钮，安装启动界面如图 2-2 所示。

3）查看许可协议并选择"我接受"单选按钮，单击"下一步"按钮，许可协议界面如图 2-3 所示。

4）选择安装路径及安装程序，当计算机空间受限时，可以根据实际使用情况选择安装的程序，但主程序"Autodesk Revit 2018"是必须选择的项。安装配置界面如图 2-4 所示，单击"安装"按钮即可运行安装程序。

图 2-2　安装启动界面

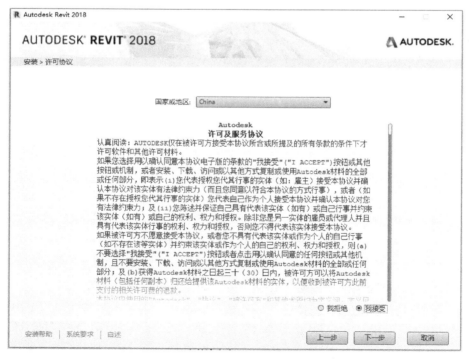

图 2-3　许可协议界面

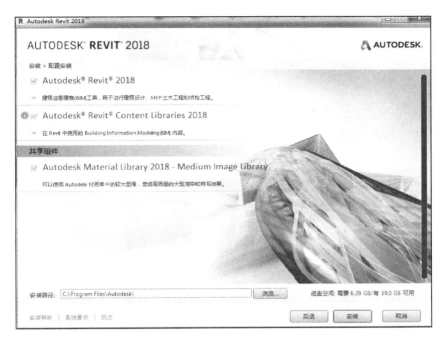

图 2-4 安装配置界面

2.3 Revit 安装注意事项

在安装过程中，需要注意的事项有：

1）安装路径不能有中文的路径。

2）一般情况下不选择在系统盘进行安装，软件将占用较大空间。

3）安装过程中，软件将自动下载系统自带的族，可能时间较长，如果不需要系统的族，可以断网安装。

第3章

Revit 基础知识

3.1 启动界面

安装好 Revit 软件后，通过双击软件图标打开软件，待软件打开后可以看到启动界面，如图 3-1 所示。启动界面主要分为"项目"与"族"两大板块，可通过此界面打开、新建项目或族文件。启动界面会显示最近打开过的文件，方便使用。

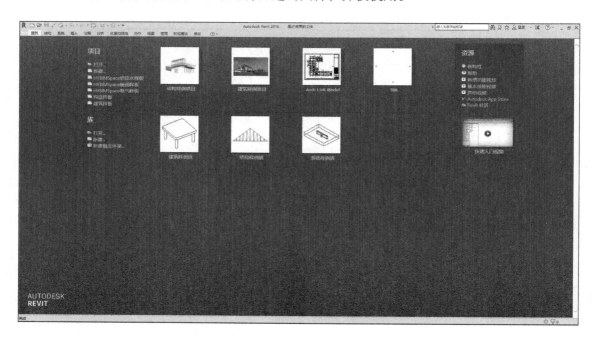

图 3-1 启动界面

3.2 项目样板

项目样板可通俗理解为模板文件，项目样板中包含项目的参数、族等信息，可通过项目样板快速传递项目属性，便于使用者在新建项目中使用已有资源。

3.3　族

族是一个构件的集合体，内部包含构件的属性信息和参数设置。在 Revit 中，一个项目可以由无数个族组成，每个族都是一个单独的个体，根据不同的需求，族的组成也可以进行拆分，例如：一张桌子可以是一个族，一条桌腿也可以是一个族。通过族的组合，最终形成一个齐全的项目形体。

3.4　构件

Revit 中的构件既是三维模型，也是二维图形，无论是看到的三维形体，还是看到的平面视图，都是由唯一的构件组成的。传统的 CAD 与三维建模软件中平面图由线组成，模型由三维模块组成，相互间没有关联，Revit 与其最大的区别在于，对于同一个物体，在三维场景下可以查看立体模型，在二维平面可以查看平面视图，保证构件的唯一性。

3.5　功能菜单

Revit 的软件界面集成所有的功能命令，根据打开文件的类型不同（"族"与"项目"存在区别）而不同，常用的软件界面可分为以下板块（图 3-2）：

1）绘图区（图 3-2 中①所示的区域）：绘图区域显示当前项目的视图以及图纸和明细表，为主要工作空间，可通过此视图浏览项目内容及更改项目构件。

2）功能区（图 3-2 中②所示的区域）：创建或打开文件时，功能区会显示。它提供创建项目或族所需的全部工具。

3）快速访问栏（图 3-2 中③所示的区域）：快速访问工具栏包含一组默认工具。可以对该工具栏进行自定义，使其显示最常用的工具。

4）视图控制栏（图 3-2 中④所示的区域）：视图控制栏可以快速访问影响当前视图的功能，可通过视图控制栏调整视图显示。

5）状态栏（图 3-2 中⑤所示的区域）：状态栏可设置工作空间及设计选项，可快速调整工作内容及控制选择方式。

6）信息中心（图 3-2 中⑥所示的区域）：信息中心提供了一套工具，可以快捷访问联机资源。

在 Revit 中，有一种特殊的功能菜单方式，只有选择构件或绘制构件时才能显示，称为二级功能界面（图 3-3）菜单中提供修改此构件的快捷工具：

1）修改（图 3-3 中①所示的区域）：根据绘图状态、构件属性不同，菜单中的功能选项不同，可快捷修改构件。

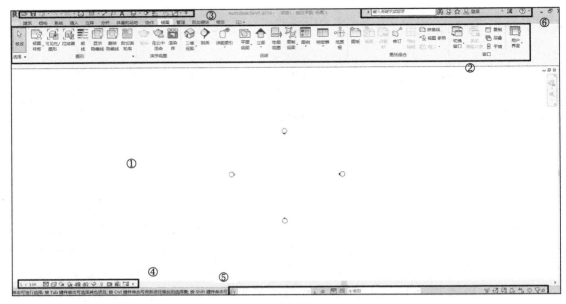

图 3-2　软件界面

2）选项栏（图 3-3 中②所示的区域）：绘图或者修改状态下，选项栏会显示绘制构件的属性设置，快捷定义参数或绘制方式，根据构件的不同，选项栏的显示内容也会不同。

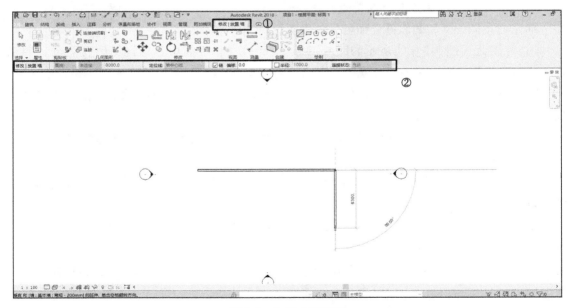

图 3-3　二级功能界面

除功能菜单以外，Revit 可加载项目或构件属性悬浮窗格界面（图 3-4），可通过窗格控制项目或构件信息：

1）项目浏览器（图 3-4 中①所示的区域）：项目浏览器主要集成项目中的"视图""图

例""明细表/数量""图纸""族""组""Revit 链接",是项目中存在资源的集成查看器,可通过项目浏览器快速修改、创建所需要的视图、图纸或构件。

2）属性（图 3-4 中②所示的区域）：属性栏根据所在状态或视图的不同显示内容也不同,在选择或绘制构件时,属性栏显示构件的属性信息,可通过属性栏调整构件的属性;在无选择时,属性栏显示当前视图的属性,可通过调整属性控制视图的显示。

3）系统浏览器（图 3-4 中③所示的区域）：系统浏览器可查看、选择、编辑项目中存在的系统类型或暖通分区,也可利用此工具选择相应系统内的所有构件进行调整。

4）MEP 预制构件（图 3-4 中④所示的区域）：MEP 预制构件可提供预制构件模块的使用,可用于现场预制加工件的设计与制造。

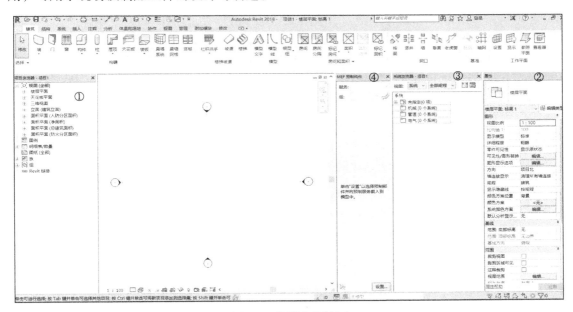

图 3-4 悬浮窗格界面

3.6 界面自定义设置

Revit 提供多种自定义界面的方式,可自定义背景、快速访问栏、功能区、属性悬浮窗格、状态栏的显示。

3.6.1 自定义背景

自定义背景通过单击功能区中的"菜单"栏,在弹出的下拉菜单中选择"选项"→"图形"命令,打开背景设置窗口,如图 3-5 所示,在"颜色"→"背景"栏中调整想要的背景颜色,单击"确定"按钮即可完成设置。

图 3-5　背景设置窗口

3.6.2　自定义快速访问栏

快速访问栏中可加载一些常用的工具，如果想根据使用习惯加载其他工具，可单击下拉菜单按钮"▼"，打开自定义快速访问工具栏菜单，如图 3-6 所示，勾选需要调整的功能菜单，则此功能将出现在快速访问栏，取消勾选，则此功能将从快速访问栏移除。单击最底部的"在功能区下方显示"命令，则快速访问栏将调整到功能区的下方，如果需要调整回最上方，则可单击最底部的"在功能区上方显示"命令。

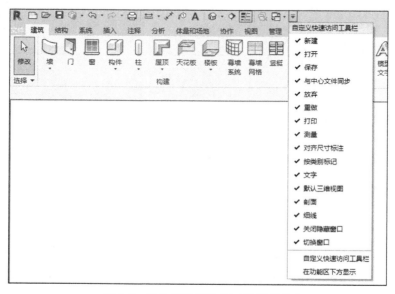

图 3-6　自定义快速访问工具栏菜单

如果想调整快捷工具的排列顺序与分隔，则可单击"自定义快速访问工具栏"命令，打开自定义快速访问工具栏窗口，如图 3-7 所示，选中快捷工具名称，通过单击" ⬆ "" ⬇ "按钮调整工具的排序，单击" ⅠⅠ "按钮可增加分隔符，单击" ✕ "按钮可删除不需要的工具与分隔符，如果误删除了某一个工具，则可通过快速访问栏中的下拉菜单按钮中重新选择需要显示的快捷工具。

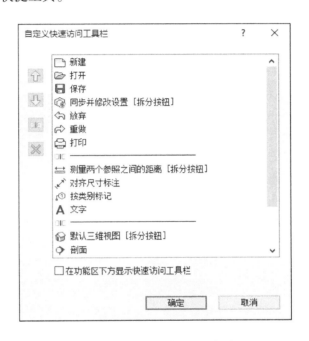

图 3-7　自定义快速访问工具栏窗口

3. 6. 3　自定义功能区

功能区的自定义可分为功能选项自定义与显示样式自定义：

（1）功能选项自定义　通过功能选项自定义可控制功能区选项的加载数量，软件默认为加载所有的功能选项，可选择"文件"→"选项"→"用户界面"命令，在弹出的用户界面自定义窗口（图 3-8）中取消勾选不需要出现在功能区的选项名称，则在功能区中此选项将不会显示，关于此功能的快捷键也将无法使用，如果需要重新加载此功能选项，则重新勾选即可。

（2）显示样式自定义　功能区选项可自定义显示的详细程度，单击功能区右侧的下拉菜单项按钮" ▭▾ "，显示样式自定义菜单，如图 3-9 所示，可选择三种不同显示效果，单击" ▭ "按钮可快速在选择的显示模式与最详细的显示模式之间进行切换，当选择"循环浏览所有项"命令时，连续点击" ▭ "可在三种显示模式与最详细的显示模式之间进行循环切换。

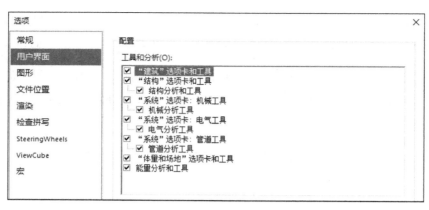

图 3-8　用户界面自定义窗口

图 3-9　显示样式自定义菜单

3.6.4　自定义属性悬浮窗格

属性悬浮窗格可根据需要选择打开与关闭，也可根据显示习惯调整显示位置或显示样式：

（1）打开与关闭属性悬浮窗格　属性悬浮窗格的打开与关闭可通过选择"视图"→"用户界面"命令实现，选择加载悬浮窗格菜单如图 3-10 所示，可勾选或取消勾选想打开或关闭的窗格名称，也可通过单击窗格右上角的"×"直接关闭此窗格。

图 3-10　选择加载悬浮窗格菜单

（2）位置及样式调整　如果想要移动窗格位置，则可按住鼠标左键选中窗格名称，拖拽至想要放置的位置，松开鼠标左键即可完成，可将窗格拖至绘图区边框，当出现固定大小的虚拟框，则可固定至边框区域，如果想要合并两个窗格，则可将一个窗格拖至其他的窗格名称上释放，则两组窗格固定在同一位置，可通过单击鼠标左键单击窗格名称切换。

3.6.5　自定义状态栏

状态栏不同于其他可自定义选项，只可控制其开启与关闭显示，同属性悬浮窗格的设置可通过选择"视图"→"用户界面"命令，勾选与取消勾选状态栏中想要开启或关闭的选项。

3.7　快捷键设置

快捷键设置可自定义快捷启动功能选项的方式，根据不同的使用习惯，可设置不同的快捷键调用功能命令，有两种途径可设置快捷键：

第一种：在功能区选择"视图"→"用户界面"→"快捷键"命令，可打开快捷键设置窗口；

第二种：在功能区选择"文件"→"选项"→"用户界面"→"快捷键→自定义"命令，可打开快捷键设置窗口。

在快捷键设置窗口（图 3-11），可通过搜索与过滤器快速找到想要进行设置的快捷选项，选中需要设置的快捷选项以后，在下方的"按新键"一栏中输入快捷键的组合方式，通过单击"指定"按钮完成快捷键的赋予，如果想要删除某一个快捷键，则选择快捷键组合，通过单击"删除"按钮取消此快捷命令，注意：尽量不要指定不同选项为同一快捷键，当设置为同一快捷键时，在输入快捷键后，通过键盘按〈←〉〈→〉键选择快捷命令，在状态栏可查看选择结果，选中后按空格或回车可执行命令，如果快捷键对应功能选项唯一，则输入快捷键即可执行命令。

图 3-11　快捷键设置窗口

快捷键的设置支持文件传递，设置好的快捷键可通过"导出"命令将快捷方式保存到文件，通过"导入"命令可将设置好的快捷键重新加载到新的文件里。

第 4 章

Revit 基础操作

4.1 打开与关闭文件

4.1.1 打开文件

打开文件可通过四种方式进行：

1）快速访问栏单击"☞"按钮。

2）功能区选择"文件"→"打开"命令。

3）启动界面单击"打开"命令。

4）拖动文件至启动界面，释放文件后打开。

在打开界面，通过选择页面上方文件夹路径，选择存放文件的位置，或将文件夹路径复制到"文件名"一栏中，按回车键即可打开此文件夹，选择需要打开的文件，在"打开"窗口右侧可看见此文件内容的预览图（图4-1），单击"打开"按钮即可打开此文件。

图 4-1 选择打开文件窗口

为了方便快速地定位到常用的文件夹，可将文件夹的路径固定到左侧的位置列表中，通过"打开"界面选择文件所在文件夹以后，选择"工具"→"将当前文件夹添加到"位置"列表中（P）"命令，则该文件夹将出现在左侧可供快速选择；也可通过选择"工具"→"添加到收藏夹"命令将此文件夹添加到收藏夹，当打开左侧的收藏夹，该文件夹将出现快捷打开方式（图 4-2）。如果需要取消某一个文件夹的快捷方式，则在文件夹上单击鼠标右键，在弹出的菜单中选择"删除"，即可完成文件夹快捷方式的取消设置。

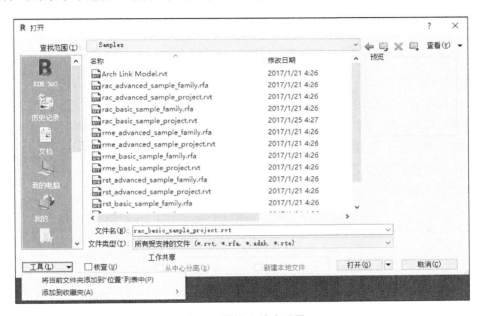

图 4-2　快捷文件夹设置

在打开界面中有一个"核查"复选项可供勾选，当打开文件出现报错时，可通过此功能进行修复。在"工作共享"栏与"打开"命令下拉选项中有可供选择的功能命令，此命令只用于工作集方式的文件，后面的高级应用讲解将做详细介绍。

4.1.2　关闭文件

关闭文件可有三种方式进行：

1）单击绘图区域右上角的关闭按钮"×"，此方式单击一次只能关闭当前绘图窗口，如果同一文件打开了多个绘图窗口，则需要进行多次关闭操作，使用起来较为烦琐。

2）单击软件右上角的关闭按钮"×"，此方式将关闭软件，当打开多个文件时，此方法会关闭所有文件。

3）选择功能区选择"文件"→"关闭"命令，此方式将快速关闭当前所在绘图区域的文件，如果打开多个文件，关闭当前文件后绘图区域将切换至其他打开文件，如果只有一个文件被打开，则软件将返回启动界面。

关闭文件时，如果未保存，将提示是否保存文件。对于工作集方式的文件，关闭时存在不同选项，后面的高级应用讲解将做详细介绍。

4.2 视图的创建与转换

4.2.1 视图的分类

视图有多种不同的显示方式，视图分类见表4-1。每一种视图拥有自己不同的呈现方式以及用途：

楼层平面：所在某一楼层标高的视图平面，视图方向为从上往下俯视。

天花板平面：所在某一楼层标高的视图平面，视图方向为从下往上仰视。

结构平面：所在某一楼层标高的视图平面，视图方向可选择往上或往下。

立面图：从某一个方向查看物体外立面造型，多用于建筑立面图绘制。

剖面图：可在任一位置绘制剖面视图，多用于建筑内部及一些节点的查看。

三维图：可查看三维建筑构造形式，也可调整、更改构件属性。

相机视图：顾名思义，仿佛用相机进行拍照，多用于渲染效果图。

表4-1 视图分类

视 图						
平面图			立面图	剖面图	三维图	
楼层平面	天花板平面	结构平面			三维图	相机视图

虽然每一种视图都有各自的使用方式，但其中每一个构件在不同的视图中都是唯一的个体，通过不同视图的组合，最终形成需要的图纸。

4.2.2 平面视图的创建

视图的创建管理统归于视图功能菜单，用户可以在"视图"功能区找到"平面视图"命令，单击该命令，弹出下拉菜单，其中有多个选项，根据需要选择相应的视图类型，这里以楼层平面视图为例，单击"楼层平面"选项，将会弹出楼层平面创建窗口，如图4-3所示。

在新建平面视图窗口中，楼层平面可选择的标高平面数量与标高数量相同，名字即标高命名，可按住〈Shift〉键或〈Ctrl〉键选择多个标高一次进行创建。当勾选"不复制现有视图"复选框时，则已经有平面视图的标高不会在此窗口出现。

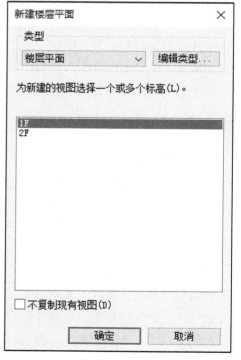

图 4-3 楼层平面创建窗口

在楼层平面创建窗口中的类型分类右侧可以打开"编辑类型"命令，类型属性编辑窗口如图 4-4 所示，可以在此窗口中设置平面图的视图属性，此设置也可通过视图属性栏进行设置，该方法使用较少，在此不做过多讲述。

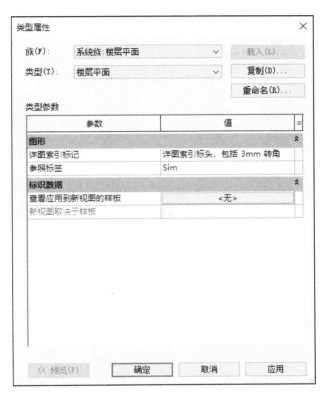

图 4-4　类型属性编辑窗口

在"视图"功能区下拉菜单选项中，"平面区域"不同于其他的选项，此选项多用于出图时图面处理，平面区域可单独设置绘制范围内的显示设置。

4.2.3　立面视图的创建

同平面视图的创建类似，在"视图"功能区找到"立面"，单击"立面"命令，弹出的下拉菜单中有多个选项，选择需要创建的立面视图类型，在绘图区放置立面视图符号，如图 4-5 所示，则可完成立面视图的创建。如需要改变立面视图的方向，则选择立面视图符号，在需要创建视图方向的正方形勾选框内进行勾选，则会自动生成新的立面视图，如需要删除立面视图，则取消勾选即可。

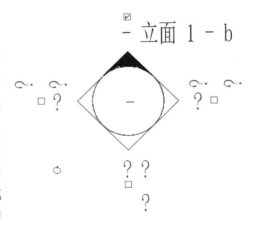

图 4-5　立面视图符号

4.2.4　剖面视图的创建

剖面视图是视图的一种，可以在"视图"功能区找到"剖面"命令，单击该命令，则可在绘图区域绘制剖面符号，如图 4-6 所示，绘制好的剖面可以通过旋转命令转动剖面的剖切方向，通过拖动剖面区域的大小改变剖切的深度，通过单击翻转剖面按钮"⇕"可以 180°切换剖切的方向。

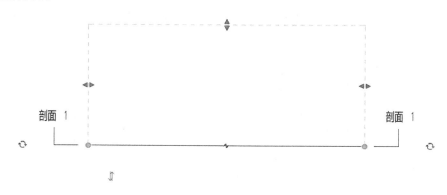

图 4-6　剖面符号

4.2.5　三维视图的创建

三维视图也属于视图的一种。在"视图"功能区找到"三维视图"，直接单击"三维视图"的图标，会生成或转至默认三维视图界面，单击下拉菜单"三维视图"，则会显示"默认三维视图""相机""漫游"三种功能菜单。

默认三维视图会根据软件用户名与文件名生成属于本机默认的三维视图，此视图可用于修改显示样式，也可复制本视图延伸至其他类型视图的运用，同时，单击快速访问栏中的图标"　"也可快速生成三维视图。

选择相机创建相机视图时，在绘图区单击放置相机的位置，放好相机后，拖动鼠标选择相机拍摄的方向，则可完成相机视图的创建。

漫游不同于三维视图与相机视图，漫游主要用于创建漫游视频，漫游的创建可理解为修改路径上关键点的相机参数，系统会根据相机的参数值自动调整视角，最终形成用户需要的视频画面。创建漫游时，用户需要单击"漫游"按钮，然后在绘图区域绘制漫游路径，完成绘制以后双击结束绘制。

4.2.6　视图的转换

在创建好视图以后，有的视图会自动切换到所需要的视图界面，如相机视图、默认三维视图，有的则需要选择相应的视图单击确定后才能进入，有时候又需要在不同的视图之间切换，那么如何进行视图的灵活转换呢？

在 Revit 中，不同类型的功能或资源在单独的区域有明确的分类管理，这极大地方便用户寻找需要的一些资源，在前面提到了项目浏览器，此浏览器中集成了项目中的资源，包括"视图""图例""明细表/数量""图纸""族""组""Revit 链接"等，创建的视图将归类到"项目浏览器"中的"视图"一栏中。视图选择窗口如图 4-7 所示。需要转换到其他的视图界面时，双击视图名称即可完成转换。

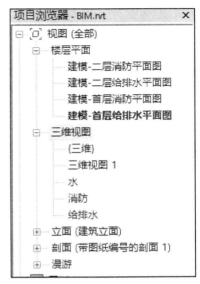

图 4-7　视图选择窗口

除了在视图浏览器中找到所有的视图外，如果想快速切换至其他已经打开的视图或者同时打开多个视图，这个时候就需要用到功能区的视图管理。通过"视图"→"窗口"下的功能菜单，可以快速切换视图、选择视图显示方式以及对视图进行操作。窗口显示设置菜单如图 4-8 所示。

图 4-8　窗口显示设置菜单

4.3　标高的创建

4.3.1　标高创建方式

在 Revit 里面，所有的东西都具有空间逻辑关系，标高也是如此。标高具有高程属性，是表达构件在立面高度关系的参照，因此用户只能在具有立面属性的视图中看到标高，并对其进行编辑。

具有立面高度属性的视图有三种：三维图、立面图、剖面图，由于活动的三维视图只显示实体构件，因此只能在立面图和剖面图找到标高，但剖面图需要设置视图的切割范围，不容易找到标高的位置，因此多使用立面图进行标高的修改。

4.3.2　标高的创建步骤

进入立面视图，根据使用的样板不同，会出现不同显示样式的标高线，出现的数量也不一样，但至少有一组标高线的存在，在 Revit 里面，默认至少有一组参照标高，最后一组标高线不能被删除。

有了原始标高线，可以复制、移动标高线，会发现标高数据也跟着变化，这是因为项目里存在项目基点与项目原点，它们控制着项目的基准标高，而此标高线只是作为参照标高，用户建模时用的就是此参照标高。

4.3.3 标高显示的调整

标高线也是由族组成的。选择标高线以后，可以在属性窗口对其样式进行修改，同时，在绘制好的标高线上也提供了相应的修改调整功能。标高显示调整如图4-9所示。

1）标高名称（图4-9中①所示）：建模时参照标高和视图参照标高的重点成员，用来区分不同标高，可双击标高名称对其进行修改。

2）标高值（图4-9中②所示）：显示此标高线所在位置的标高值，可输入新的标高值，标高线将自动移动到相应标高值的位置。

3）拖拽点（图4-9中③所示）：可用于拖动标高线端头，改变标高线的长度。

4）添加弯头（图4-9中④所示）：可添加折断线，可在不移动标高线的情况下对标高符号进行位置调整。

5）标高标头（图4-9中⑤所示）：标高显示的符号，可在族的属性里面进行调整，实现不同样式的显示。

6）隐藏/显示（图4-9中⑥所示）：控制标高符号的隐藏及显示。

7）二维三维切换（图4-9中⑦所示）：当显示为3D时，调整此标高线的长短，其他的立面视图中所显示的此标高线也将随着变化；当显示为2D时，调整此标高线的长短，其他的立面视图中所显示的此标高线无变化，用于切换改变标高线显示时的影响范围。

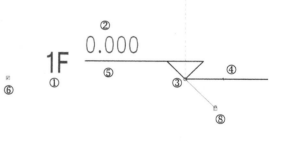

图 4-9　标高显示调整

8）锁定/解锁（图4-9中⑧所示）：当有多组标高线端点对齐时，将会锁住定位，即当拖动某一个标高线拖拽点改变长度时，其他对齐的标高线也将跟着变化，如需要单独改变此标高线长度，则需要先单击此符号解锁后才能进行操作。

4.4 轴网的创建和显示调整

4.4.1 轴网的创建

轴网主要用于视图定位，只能显示在平面视图以及立面、剖面视图中，其在平面视图中才能准确定位横向以及竖向的轴网，因此绘制轴网一般在平面视图中进行。

在"建筑"功能区找到"轴网"菜单项（图4-10），单击该命令，将弹出绘制窗口。在绘制轴网时，功能区会提供绘制轴网的二级菜单，如图4-11所示。

1）绘制（图 4-11 中①所示）：可选择轴网绘制方式，软件提供了 5 种方式，可绘制直线、圆弧、圆、折断线等不同样式的轴网，满足用户需求。

2）偏移（图 4-11 中②所示）：可指定偏移距离，输入正负不同值在绘制横线与纵向轴网时有不同的偏移效果。

绘制好的轴网可以进行复制、移动、旋转等操作，双击轴网的标头，可对编号进行调整。

图 4-10　绘制轴网的菜单

图 4-11　绘制轴网的二级菜单

4.4.2　轴网显示调整

轴网是一个族，但是也可认为轴网是由多个族组合而成的。对于不同的部位有不同的族进行控制，可以选择绘制好的轴网，在属性面板进行样式选择，也可对本样式进行类型调整，其做法同标高的调整类似，平面中的轴网可以拉伸、对齐、控制标头符号。轴网类型属性窗口如图 4-12 所示。

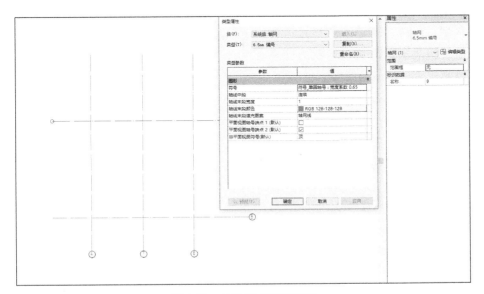

图 4-12　轴网类型属性窗口

4.5 管道的绘制

4.5.1 绘图视图的选择

管道的绘制可在任意平面、立面、剖面以及三维视图中进行，除特殊节点以及方便绘制的情况采用立面、剖面、三维视图外，一般情况下均在平面视图进行，便于管道平面定位。

4.5.2 管道类型的定义

在现实的生活中，不同材质的管道有不同的属性，因此在 Revit 中提供了管道类型用来区分不同的材质。管道类型的定义可由多种方式进行：

1）通过项目浏览器，选择"族"→"管道"→"管道类型"命令，在管道类型里面至少存在一种类型的管道，在需要调整的管道类型上单击鼠标右键，选择"类型属性"选项，打开管道的属性面板，通过修改任意管道属性或复制进行管道类型的调整与新建。

2）在绘制管道时，单击属性窗口中的"编辑类型"按钮，打开管道的属性面板，同方式 1），在此面板上对管道类型进行调整与新建。

打开管道类型属性窗口后（图 4-13），在"族"一栏默认显示"系统族：管道类型"，表示此类型的属性在族里面属于系统族中的管道类型，而在"类型"一栏里面的表示此属性信息所属的管道类型名称，通过下拉菜单可以选择需要修改的管道类型，通过复制、重命名新建或调整管道类型。在复制管道类型的时候，新建的管道类型可以继承原管道类型的属性信息。

通过管道属性面板新建的管道类型只是在名称上得到了区分，但管道因为连接方式和材质的不同，所需要的连接件也不相同，因此在新建管道类型以后，需要对连接类型进行配置。

选择"布管系统配置"命令，在右侧栏单击"编辑"，将弹出布管系统配置窗口，如图 4-14 所示。通过在需要配置

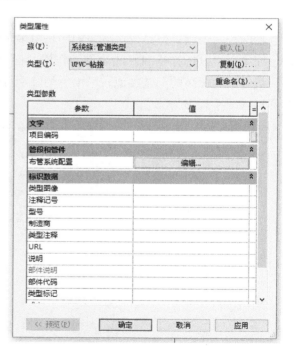

图 4-13 管道类型属性窗口

的构件属性类型单击下拉菜单，找到需要配置的类型，如果无法选择，则表示未载入相应的族，可以通过页面中的"载入族"进行加载，如果没在本页面进行管道系统的配置，绘制管道时将无法自动生成管道或者管道附件。有时，管道会根据不同的大小选择不同的管道材

质或连接类型，则可根据需要，通过"±"按钮增加或减少类型。在进行布管系统配置时，应选择相应的管道尺寸，系统会根据设置自动选择管道的类型。

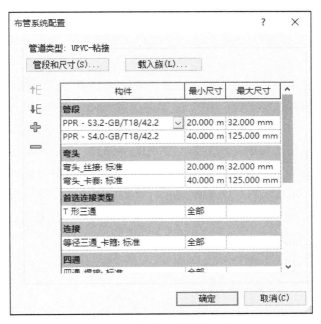

图 4-14　布管系统配置窗口

在进行布管系统的配置时，如果出现管段的类型不满足用户需求，则单击"管段和尺寸"命令，打开管段和尺寸设置窗口，对管段进行编辑，如图 4-15 所示。

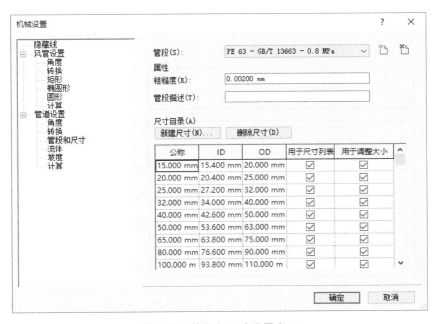

图 4-15　管段和尺寸设置窗口

4.5.3 管道系统的配置

对于不同材质的管道，可使用管道类型来进行区分，对于不同功能的管道，可使用管道系统来进行区分。同管道类型的定义，管道系统的修改可通过项目浏览器进行，选择"族"→"管道系统"命令，在需要调整的管道系统上通过单击鼠标右键打开"类型属性"，在弹出的类型属性面板上，操作方式同管道类型的修改。

在通过复制新建管道系统时，需要注意管道系统的分类。在管道系统中，有两个重要的系统名称用来进行管道系统的分类，一个是"系统类型"，另一个是"系统分类"。系统类型属于系统分类中的一种，由于系统分类无法进行自定义修改，因此在复制新建管道系统时，需要注意原管道系统所属的系统分类。如在图 4-16 中，图 4-16a 的系统类型为中区喷淋系统时，对应的系统分类为湿式消防系统；图 4-16b 的系统类型为低区中水系统时，系统分类为家用冷水。如果不进行区分，可能出现系统类型为给水，但系统分类为排水的情况，为了规范表达，新建管道系统时应选择同分类的管道系统类型进行复制。

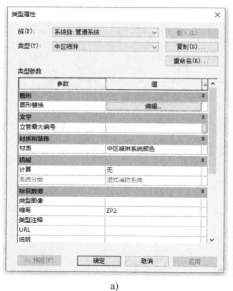
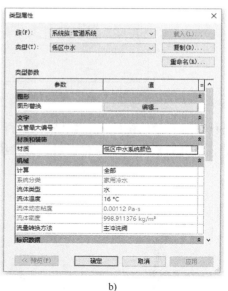

a)   b)

图 4-16 管道系统类型属性窗口

a）中区喷淋系统 b）低区中水系统

在新建管道系统类型以后，可以对管道系统类型中的一些设置进行调整。图 4-17 为系统类型设置窗口，它显示了系统类型中可设置的全部属性，用户可根据需要在不同的设置项进行选择。常用的设置项有图形替换、材质、上升/下降。

1. 图形替换

图形替换主要用于控制线的显示样式，管道可显示边线、中心线，当以线的模式进行显示时，线的宽度、颜色、样式会根据此设置发生变化，以达到不同的显示要求。在系统类型设置窗口中选择"图形替换"一栏的"编辑"命令，打开线图形设置窗口，如图 4-18 所示。

图 4-17 系统类型设置窗口

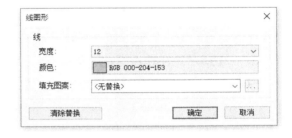

图 4-18 线图形设置窗口

2. 材质

材质主要用于控制系统内管道使用的材质属性，根据材质的不同调整不同的显示样式，多用于区分不同系统的管道颜色，让使用者对管道用途一目了然。单击系统类型设置窗口中"材质"一栏中右侧对应的值，在弹出的选项中单击选择"[...]"，打开材质浏览器窗口，如图 4-19 所示，在此窗口中可选择不同的材质。

图 4-19 材质浏览器窗口

3. 上升/下降

"上升/下降"多设置单线上升符号、单线下降符号选项，此功能主要用于以单线方式（给排水设计多为单线图）出图时，在平面显示上升与下降立管的显示样式。单击系统类型设置窗口中"上升/下降"菜单下对应选项值一栏，单击弹出的选项"⋯"，打开选择符号窗口口，如图 4-20 所示，在此可以设置不同的显示样式。

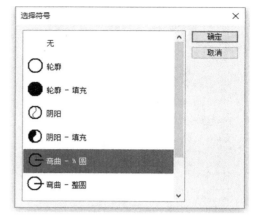

图 4-20　选择符号窗口

4.5.4　绘制管道

选择需要绘制管道的平面图，选择"系统"→"管道"命令，此时将进入管道绘制界面，如图 4-21 所示。在软件的左下角将显示操作步骤，根据操作步骤的提示可进行管道的绘制，但在这之前，应对管道的属性进行设置。

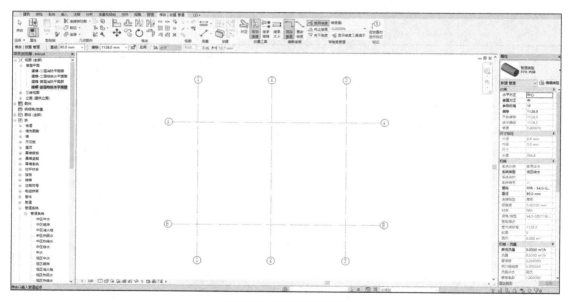

图 4-21　管道绘制界面

（1）选择管道类型　在右侧属性窗口单击"管道类型"命令，在下拉菜单中选择需要的管道材质类型，当管道类型显示用户选择的管道材质时，说明材质已经选择好。

（2）对正方式　对正方式分为水平对正与垂直对正。水平对正的设置可选择在平面绘制管道时基准线的位置，可选择中心、左、右三种对正；垂直对正的设置可选择管道在竖向标高上，设置的标高值控制管道标高基准点的位置，可选择中、底、顶三种方式。绘制管道时多选择中心对正，除特殊情况如偏心连接、顶平连接或底平连接等方式，如采用不同的对正方式绘制管道，在进行管道连接时可能出现错误。

（3）设置高度　在使用 Revit 绘制管道时，应提前定义好管道的高度。在属性窗口，常用的高度设置有参照标高与偏移。参照标高表示管道参照的标高线，此设置将决定管道是基于某一个标高进行偏移量的设置；偏移是指相对参照标高的偏移量，值为正时表示向上偏移，值为负时表示向下偏移。

（4）设置管道属性　设置好管道材质与标高以后，还需要明确管道系统及大小，可通过系统类型、直径进行设置。

（5）管道坡度　对于需要设置坡度的管道，应在绘制时设置坡度值。在功能区选择"向上坡度"或"向下坡度"选项，并选择坡度值的大小，向上与向下是相对于绘制管道的方向。

设置好管道材质、系统、大小及标高以后，在平面上需要绘制管道的位置单击鼠标左键，拖动鼠标到下一个点再次单击鼠标左键，此时管道已经完成绘制，如果需要继续绘制则只需要单击下一个结束点即可，完成所有管道绘制后按〈Esc〉键退出绘制模式。

如果管道有高差变化，则需要进行立管的绘制。对于单根的立管，可以使用选项栏中的快捷工具绘制。

在管道绘制时，选项栏中直径、偏移数据与属性窗口中的数据保持一致，可快捷调整管道的属性。绘制单根立管时，设置好起点管道的标高值，在平面位置单击鼠标左键确定管道的起点，此时直接修改选项栏中管道偏移值，双击应用，则完成立管的绘制，绘制单根立管步骤如图 4-22 所示。

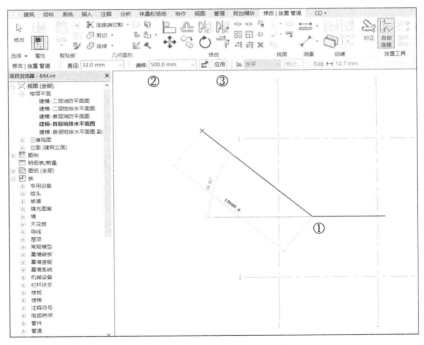

图 4-22　绘制单根立管步骤

对于有横管连接的立管，可以先绘制完成横管与立管，再手动连接管道，也可选择快捷方式。绘制好第一段横管以后，保持绘制状态，修改状态栏偏移值到变高度后横管的偏移值，在平面上单击变高度横管的终点，则自动生成连接两段横管的立管，按〈Esc〉键即可完成绘制，绘制有横管连接的立管步骤如图 4-23 所示。

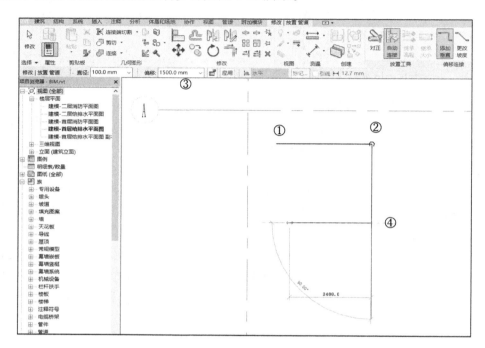

图 4-23　绘制有横管连接的立管步骤

4.6　管道的修改

4.6.1　管道类型的修改

在绘制好管道以后，如果需要调整管道的材质，可以直接选中管道，在属性窗口选中需要替换的管道类型即可完成管道类型的修改。在绘制管道较多的情况下，如果单根管道进行替换将花费大量的时间，则可以根据实际的情况进行快捷方式的选择，具体有以下两种方式：

1）选择其中某一根管道，单击鼠标右键，选择"选择全部实例"命令，弹出"在视图中可见""在整个项目中"两种选择方式，选择"在视图中可见"则会选择在这个视图中可以看见的与此管道为同一系统、同一管道类型的所有管道，选择"在整个项目中"则会选择在整个项目里与此管道为同一系统、同一管道类型的所有管道。

2）鼠标指针移动到一根管道上（注意此后不要单击鼠标，也不要移动鼠标），按键盘上的〈Tab〉键，直到这组连通的管道被选中，再单击鼠标左键，在属性窗口进行管道类型调整，则与之相连的所有管道及管件按照管道类型配置进行修改。

方式 1）主要用于替换所有的管道，而方式 2）则只用于替换某一组管道，因此它们的使用场景不同。方式 1）与方式 2）还存在另一个差异：方式 2）可以替换管件，方式 1）则不能，但即使采用方式 1）替换管道类型后，依然有快捷方式进行管件的替换。选中所有的管道进行类型替换以后，单击功能区菜单中的"重新应用类型"命令，则管件将随管道类型的配置进行自动替换。

4.6.2　管道系统的修改

在同一段连接的管道上，每段管道的管道系统将保持一致，因此在修改管道系统时，只需要调整其中某一段管道的系统，则所有的管段将随之改变。

选择需要修改的任一管段，在属性窗口找到"系统类型"项，通过下拉选项选择需要调整到的类型名称，则可便捷完成管道系统的修改。值得注意的是，如果此段管道连接过设备，即使与设备断开以后，系统类型的修改只能选择所在系统分类中的类型，如果需要改变管道系统到不同的系统分类时，需要删除设备或者将管道与设备的系统分开。

如果不想删除设备选择与设备的系统分开时，也可采用便捷的处理方式。首先断开管道与设备的连接，选中管道或者设备以后，可以在功能区选择"管道系统"项，此时在属性窗口将出现系统的类型，表示已经选择好管道的系统。管道系统选择界面如图 4-24 所示。此时单击"分隔系统"命令，确定后将形成各自独立的系统。用户可以任意修改管道系统。

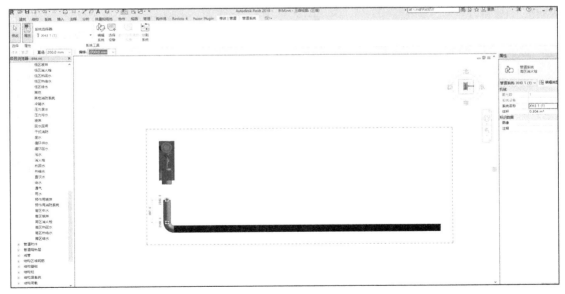

图 4-24　管道系统选择界面

4.6.3　管道参数的修改

对于已经绘制好的管道，如果需要对管道的高度、长度、坡度等参数进行调整，用户可直接在管道上进行数据输入，不需要重新绘制管道。

1. 管道标高的修改

管道标高同样属于管道的属性，因此选择管道之后，在属性窗口找到"偏移"选项，输入需要调整到的标高值，按〈Enter〉键即可完成调整。

2. 管道管径的修改

在属性窗口找到"直径"选项，在下拉菜单中选择需要调整的管径值，不同于标高的修改，特别是一次性调整多根管道时，在管径修改后可能出现管道连接件无法自动跟随修改的情况，此时可以在选择所有管道后使用"重新应用类型"命令，则可自动完成连接件的修改。

3. 管道坡度的修改

管道坡度的修改不同于其他参数的修改，坡度参数无法通过属性窗口进行修改，对于不同管道的坡度修改方式也不同，具体如下：

（1）无坡度的单根管道　如需要对无坡度的单根管道进行坡度值修改，则可通过两种方式进行。第一种，选中管道，修改两端的标高值；第二种，选中管道，在功能区单击"坡度"项，在弹出的功能选项中选择坡度值，选择控制点，控制点表示管道最低点，管道上显示的箭头方向表示标高较高的方向，单击"完成"按钮即可完成坡度调整。坡度设置界面如图4-25所示。

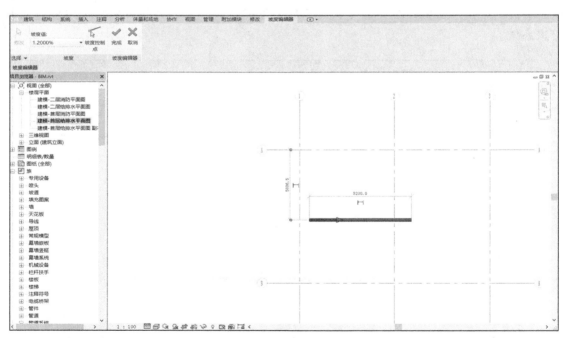

图4-25　坡度设置界面

（2）有坡度的单根管道　对于已经有坡度的单根管道，选择管道后将显示坡度值，如图4-26所示，用户可以直接修改显示的坡度值对其进行调整，如果需要精准定位标高的点，则可通过输入标高值的方式进行调整。

图 4-26　坡度值显示

（3）多根连接的管道坡度值调整　对于多根连接的管道，如图 4-27 所示，管道的坡度赋值不能进行单根管道的赋值来进行调整，单根赋值的方式将使管道出现连接错误，因此需要统一进行坡度赋值。选择所有连接的管道及附件，通过功能区"坡度"选项进行坡度的修改。

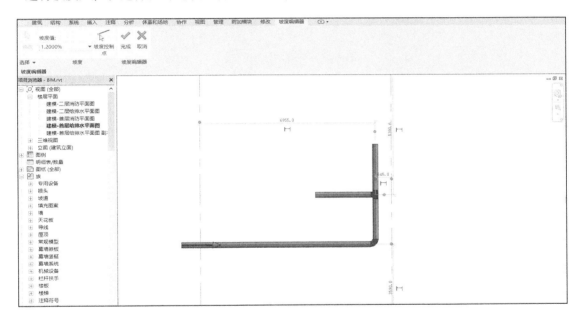

图 4-27　多根连接的管道

4.6.4　管道位置的调整

对于已经绘制好的管道，管道的位置可以在平面以及立面进行移动，根据不同的形式，管道的移动方式也不相同。

当想要移动单根管道时，选择管道后，在管道上按住鼠标左键并拖动，将对单根管道进行移动，管道上的管件或阀门附件将随管道一起移动，与之连接的管道也将随管道的移动相应变化以保持连接。移动时需要注意，移动范围不能让连接的管件跨越其他管件。有移动限制管道如图 4-28 所示，向上移动选中管道时，弯头将随管道进行移动，但如果弯头进入上方三通范围或者超过三通时，软件将会报错。如果向上移动管道需要超过三通范围，则需要先断开其与弯头的连接，再进行移动。

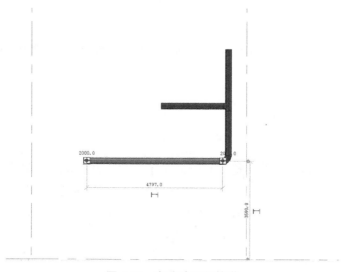

图 4-28　有移动限制管道

在选择管道以后，视图中会多出两组尺寸标注，此标注称为"临时尺寸标注"，界面如图 4-29 所示。用户可以直接修改标注上的数值，管道的位置或长度将随修改的数值进行调整，拖动标注两端的圆点"——"，可以改变定位的参照位置，调整管道位置时可以灵活使用。

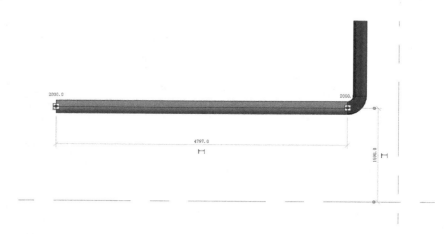

图 4-29　"临时尺寸标注"界面

4.7　阀门附件的绘制

4.7.1　阀门附件族的载入

前面讲到需要用到某一个族时，文件中必须存在这个族才能进行调用，因此，需要用到附件或者阀门时，需要提前载入相应的族。

在功能区通过选择"插入"→"载入族"命令打开载入族选择窗口，如图 4-30 所示，找到放置族文件的路径，单击"打开"按钮，则可完成族的载入。当然，也可以在存储路径的文件夹中找到族文件，直接用鼠标将文件拖到 Revit 绘图区完成族的载入，此方法的好处是可以在载入后直接使用族，而且可以一次性载入多个族，较为便捷高效。

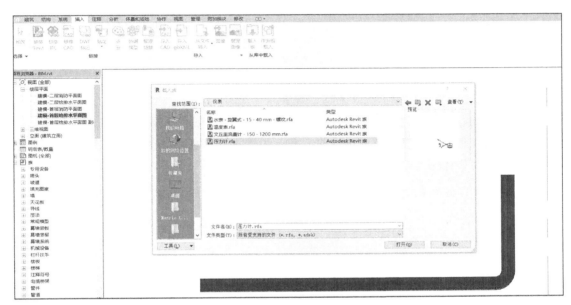

图 4-30　载入族选择窗口

4.7.2　阀门附件的绘制步骤

在载入族以后，就可以调用族，常用的调用方式有：

1）通过选择功能区"系统"→"管路附件"命令进入附件的绘制，在属性窗口选中需要绘制的族类型，选择好以后在管道上需要放置位置上进行单击，则可完成阀门附件的绘制。

2）通过"项目浏览器"，根据族的分类找到相应的族，在需要的族类型上单击鼠标右键，在弹出菜单中选择"创建示例"命令，则可进入阀门附件的绘制。

3）选择任意已经绘制好的附件，在附件上单击鼠标右键，在弹出的菜单中选择"创建类似示例"，则可进入附件绘制页面，此时同第 1）种方式，在属性窗口选择所需要绘制的附件族，在管道上需要绘制阀门附件的位置单击则可完成绘制。

在绘制阀门附件的时候需要注意阀门附件的绘制方式，不同的构件的安装方式不同，阀门附件的族的绘制方式也不相同。如图 4-31 所示的 Y 形过滤器与排气阀，在实际的项目安装中，图 4-31a 中的 Y 形过滤器两段均有连接管道，而图 4-31b 中的排气阀只会在一端有管道连接，因此在进行族的制作时，需要给定的设置方式会有区别。族的制作会在后面进行深入的讲解。在使用族的时候，需要根据族的实际安装情况进行绘制。

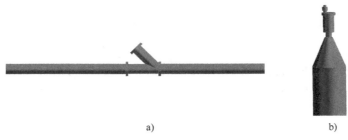

图 4-31 Y 形过滤器与排气阀

a）Y 形过滤器　b）排气阀

4.7.3 阀门附件的调整

对已经绘制好的阀门附件，如果需要调整其规格型号，选中此阀门附件（图 4-32），则可在属性窗口找到相应的参数，并选择输入需要调整的值，如果修改属性中的公称半径，则Y 形过滤器的大小将随之改变。

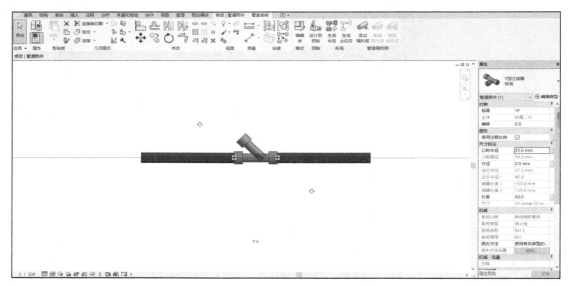

图 4-32 Y 形过滤器参数修改

此修改方法并不适用于所有的阀门附件，对于不同参数类型的阀门附件应使用不同的调整方法，本书会在后面会对参数进行详细讲解。如图 4-33 所示为蝶阀参数修改，在属性面板没有调整大小的相关属性信息，此时需要单击编辑类型，进入类型属性窗口对蝶阀的大小进行调整，当然对于此类族，一般情况下会有多种预设的族类型来对应不同大小的阀门附件，当需要进行调整时只需要在属性窗口单击蝶阀类型面板"　　　　　"在下拉菜单中选择相应大小的族类型即可完成修改。

在三维模型中，构件存在多种空间信息，比如阀门附件的朝向、位置等属性信息。当需要调整阀门附件的位置时，只需要选中阀门附件后按住鼠标左键沿管道拖动至目的位置即可

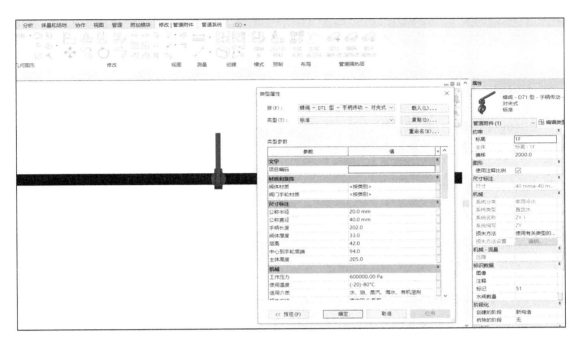

图 4-33　蝶阀参数修改

完成调整，也可以利用移动等命令进行调整。

在选择阀门附件时，根据阀门附件的不同，会出现旋转、翻转管件等快捷操作按钮，可以利用按钮实现对阀门附件的快捷调整。阀门调整按钮如图 4-34 所示。

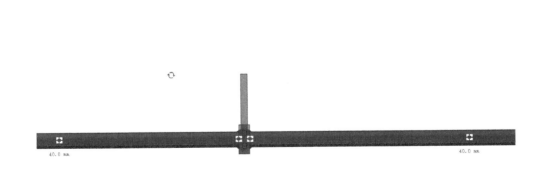

图 4-34　阀门调整按钮

当需要将一种阀门附件改变成另外一种阀门附件时，同阀门附件型号的调整，在属性窗口单击阀门附件的类型，在下拉列表选择相应的类型即可。需要注意的是，不是所有的阀门附件都可以使用此方法进行调整，根据阀门附件的安装方式不同而不同。

4.8 机械设备的绘制

4.8.1 机械设备族的调用

绘制机械设备时，项目文件中必须存在此机械设备族，同阀门附件的使用类似，通过载入族的方式将机械设备载入项目文件中，也可以通过拖动到窗口的方式载入机械设备。

4.8.2 机械设备的绘制步骤

当机械设备载入以后，在功能区选择"系统"→"机械设备"命令，进入机械设备绘制，在属性窗口选择需要绘制的机械设备类型。当类型选择好以后，需要对绘制参数进行调整，在属性窗口中的"约束"一栏中，通过调整"标高""偏移"等参数实现对机械设备放置位置的调整。当设备类型和参数设置好以后，只需要在平面放置的位置单击鼠标左键即可完成机械设备的绘制。

4.8.3 机械设备的修改

对绘制好的机械设备可以使用移动、旋转、对齐等命令调整其位置，也可同阀门附件一样进行设备参数的调整。当需要机械设备在平面上进行 90°的旋转时，可以在选中机械设备后按空格键，则机械设备将在平面上进行 90°的自动旋转。此方法可快速调整机械设备的方向，在绘制机械设备时也适用，同时存在更方便的操作技巧。

图 4-35　机械设备定位

当一面墙为斜墙（不限于墙，可以是线、管道等）时，可以在绘制机械设备时将鼠标移动至墙的一条线上，此时墙上将出现一条蓝色的线。按空格键，机械设备将自动调整至与此线方向一致，快速实现机械设备绘制。机械设备定位如图 4-35 所示。

4.8.4 机械设备与管道的连接

机械设备与管道的连接有多种方式，可根据不同的布置关系灵活选用：

（1）自动连接　在选择水泵后，单击功能区的"修改|机械设备"→"连接到"命令，则会弹出连接件选择窗口，如图 4-36 所示，此时选择需要使用的连接件（当只有一个连接件时不需要进行选择），再选择需要连接的管道，则软件将自动连接机械设备与管道。

（2）在平面绘制管道连接　绘制连接机械设备段的管道，绘制终点，单击机械设备的

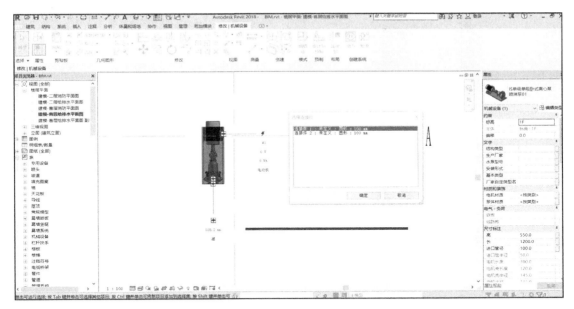

图 4-36　连接件选择窗口

连接件，软件将自动生成连接机械设备与管道之间的立管和管件。绘制管道连接如图 4-37
所示。

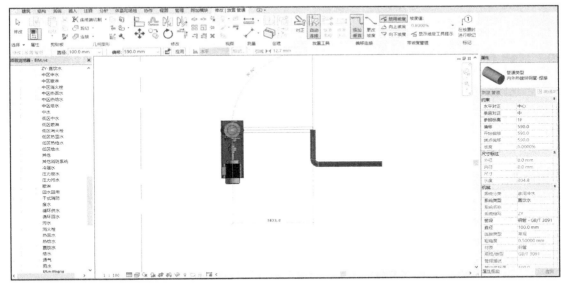

图 4-37　绘制管道连接

（3）通过机械设备连接件创建管道　在机械设备的连接件上单击鼠标右键，在弹出的
菜单中选择"绘制管道"命令，也可激活管道的绘制命令。连接件创建管道如图 4-38 所示。

在创建机械设备与管道的连接时，对于形式多样的连接方式，应该结合平面、剖面、三
维视图，根据不同视图的绘制特点选择合适的绘制方式，以达到不同类型的需求。

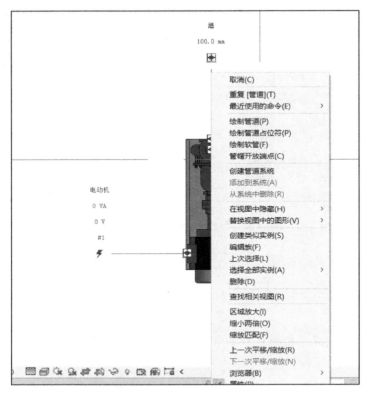

图 4-38　连接件创建管道

4.9　标注、标记和文字标记的创建

4.9.1　标注的创建

标注常用的有尺寸标注、半径标注、角度标注等，创建方式类似，本节以尺寸标注为例进行创建。

尺寸标注属于注释，当需要使用尺寸标注时，可通过选择功能区"注释"→"尺寸标注"命令选择相应的尺寸标注方式，也可按〈D〉+〈I〉键调用尺寸标注，进入尺寸标注命令后，在属性窗口选择需要调用的尺寸标注类型即可完成尺寸标注的调用与设置。

选择好平面尺寸标记的类型以后，在视图中选择标记的起止点，单击放置标记的位置即可完成标记的创建。在创建尺寸标记时，对于无法选中的边和点，如管道的边线，则可将鼠标放置在管道上，按〈Tab〉键选择到管道的边，此方法适用于多数无法一次选择的对象。

4.9.2　标记的创建

标记常用的有管道标记、阀门附件标记、房间标记等，本节以管道标记为例进行创建讲解。

　　管道标记属于标记，当需要创建管道标记时，可通过单击功能区"注释"→"标记"选择"按类别标记"进入标记命令，在选项栏单击"标记"（图 4-39），在弹出的对话框中找到管道/管道占位符，通过左侧载入的标记调整使用的标记族（图 4-40），单击"确定"按钮后，将鼠标移至管道上将出现标记的预览，单击鼠标左键将完成标记创建，如在三维视图进行标记的创建，则需要先锁定三维视图才可进行。

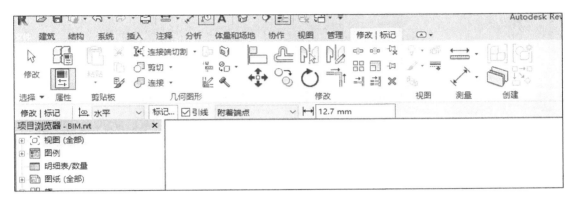

图 4-39　标记创建选项栏

图 4-40　标记配置窗口

　　标记拥有快速的操作方式，可以选择一次性标记所有的类别，选择"注释"→"标记"→"全部标记"命令，在弹出的对话框中，可以在左侧方框中勾选需要标记的对象类别和进行标记配置设置，当有选择的构件时，可以选择仅标记当前选择的对象。标记所有未标记对象设置窗口如图 4-41 所示。

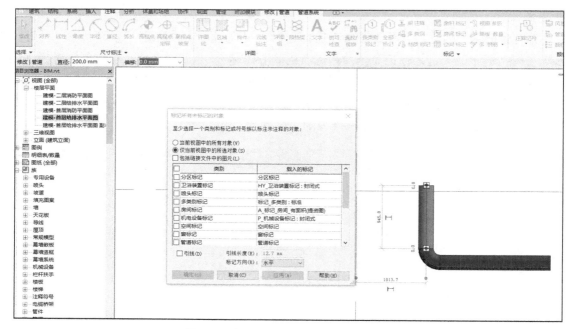

图 4-41　标记所有未标记对象设置窗口

4.9.3　文字标记的创建

对于部分需要单独说明的注释，常常使用文字标记进行表达。用户通过选择功能区"注释"→"文字"命令进入文字标记创建命令，在属性窗口可以选择需要的文字样式以及设置文字的样式，在功能区"修改│放置文字"中可以添加引线和设置文字的对齐方式。

4.10　参数的设置

4.10.1　参数的用途

在 Revit 中，参数是项目里面最重要的组成部分，每个构件的属性都具有自己的参数，如管道的长度、材质、高度等信息，用户可以通过这些参数去驱动构件修改或者提取相关信息。

在实际使用中，软件自带的参数并不能完全适用于每个用户的工作习惯，用户可以增加参数以达到对出图、提取信息的需求。

4.10.2　项目参数

项目参数可以从广义与狭义两个方面进行介绍。广义的项目参数可以是项目中所有的可使用参数（除全局参数外），狭义的项目参数是指只能在本项目进行读取调用，不能被族、标记或者其他项目进行调用的参数。在此主要对狭义的项目参数进行讲解。

项目参数的特性决定参数只保存在本项目中，当需要对部分构件添加一个参数进行构件的分类，而不需要进行标记或者进一步的参数关联，这个时候可以使用项目参数，这种的设置方式方便项目中参数的管理，而不像共享参数需要使用共享参数文件进行管理。

项目参数的添加通过选择"管理"→"项目参数"→"添加"命令进行，此处以给管道添加是否立管的文字注释来区分管道的种类为例，打开项目参数设置窗口以后，可以看到这样几个选项（图 4-42）：

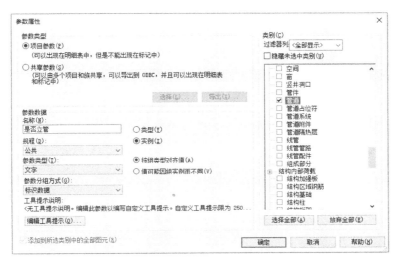

图 4-42　参数设置窗口

（1）参数类型　此处选择项目参数。

（2）名称　输入参数的名称，输入"是否立管"。

（3）规程　规程中的类型选择决定下面可设置参数的种类，里面包含公共、结构、HVAC、电气、管道、能量等。此时需要给的参数值是文字，那么此处应该选择"公共"，若选择其他选项，则后面的设置将无法选择文字类型。

（4）参数类型　参数类型中可设置输入的参数格式为数值、长度、面积、材质、图像等。此处需要设置的为文字，因此应该选择"文字"类型。

（5）参数分组方式　参数分组方式中可以选择文字、常规、标识数据等不同类型，对应着管道属性中的分组方式。此处选择"标识数据"。

（6）类型/实例　此参数表示参数值为这一个构件类型所有还是只是此构件所有，本例要区分管道是否为立管，对于同一种类型的管道可能有立管，也可能有横管，所以不能选择这个参数为类型参数，而应该为实例参数。

（7）按组类型与实例　其有"按组类型对齐值"与"值可能因组实例而不同"两种方式，表示统一构件可能属于不同的组，如果在不同组中的值不相同，那么应该选择"值可能因组实例而不同"。但只要管道是立管，那么在所有的组中"是否立管"的值都应该相等，因此选择"按组类型对齐值"。

（8）类别　类别表示此参数属于什么类别的构件所有，要判断管道是否为立管，就应该把参数赋予"管道"类别下。

设置好参数以后，可以选中管道，在属性窗口管道的标识数据中找到是否立管的参数，因为此处选择的是横管，所以可以赋值为"否"。添加后的参数显示样式如图 4-43 所示。

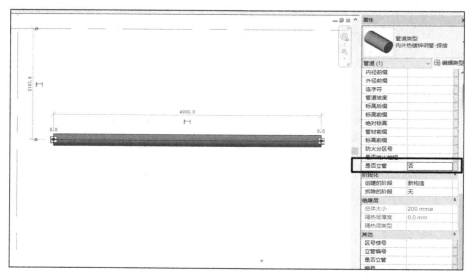

图 4-43　添加后的参数显示样式

对于类型与实例参数的设置，如果设置为实例参数，那么构件参数将会出现在构件的属性窗口；如果设置的为类型参数，那么最终的参数将会出现在管道类型的属性中。图 4-44 是类型参数显示样式。

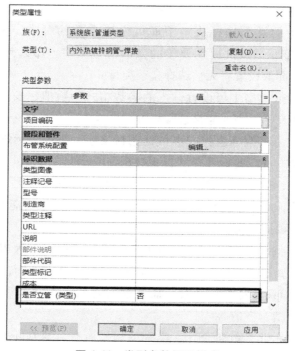

图 4-44　类型参数显示样式

4.10.3　共享参数

　　共享参数可用于族和其他项目的共同使用，对于族而言，共享参数相当于一座桥梁，可以利用项目中参数驱动族中数据的修改。此处通过一个标记族来展示共享参数的使用。

　　首先确定一个共享参数。若现在需要标记一根管道是否立管，那这个时候需要将是否立管的参数设置为共享参数。

　　接着添加一个名为"是否立管"的共享参数，步骤如下：

　　1）选择"管理"→"共享参数"命令，单击"浏览"命令时，将弹出文件选择窗口，单击"创建"命令时，将弹出文件新建窗口，在此可以进行共享参数保存文件的选择或者新建，保存位置建议是容易查找而且不易调整的文件夹，若丢失共享参数文件将无法再次使用共享参数。在此选择"创建"命令，设置好保存位置，在弹出的窗口中的"文件名"一栏输入文件名，单击"保存"按钮即可完成创建。共享文件选择窗口如图 4-45 所示。

图 4-45　共享文件选择窗口

　　2）创建好共享参数保存文件以后，需要对参数进行分组，此参数是用于管道的，可以在组中单击"新建"命令创建一个管道组。新参数组如图 4-46 所示。

　　3）在新建组以后，可以在上方"参数组"下拉菜单中选择刚才创建的管道组，单击"参数"栏中的"新建"按钮，弹出参数设置窗口，如图 4-47 所示，这时便可以进行新建，新建中设置选项的含义与类型参数中的参数含义相同。

图 4-46　新参数组

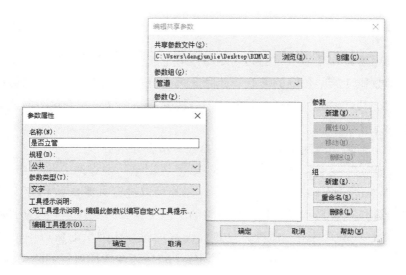

图 4-47　参数设置窗口

4) 到此, 共享参数建立完成, 但还需要将共享参数调入本项目, 并与管道进行关联。这个时候需要用到项目参数的新建方式, 注意在参数类型的选择上应该采用共享参数, 并通过单击 "选择" 命令去找到刚才设置的共享参数。使用共享参数建立项目参数设置如图 4-48 所示。

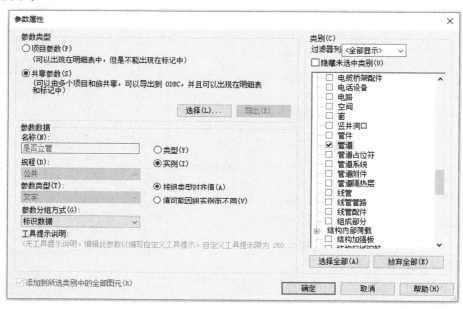

图 4-48　使用共享参数建立项目参数设置

5) 设置好项目参数之后, 可以在管道属性中查看参数并为管道参数赋值, 如图 4-49 所示。

6) 为管道创建一个标记 (图 4-50), 标记可以是任意的管道标记, 选择标记后, 在功能区选择 "编辑族" 命令, 此处的目的是利用已有的标记族直接进行修改参数关联, 免去

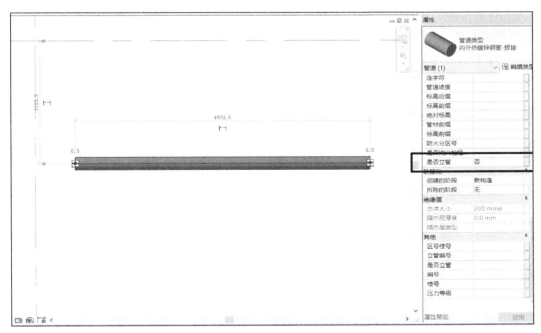

图 4-49　管道参数赋值

重新制作标记族，一般在族的制作中多使用此方法。

　　7）进入标记族以后，选择标记的标签，此标签就是用户在项目中标记后所看到的文字，在属性窗口中的"标签"栏选择"编辑"命令，打开标签编辑窗口，如图 4-51 所示，可以通过" ⤓ "" ⤒ "添加或者删除右侧标签参数中的值，此处先删除不需要的参数值。

图 4-50　创建管道标记

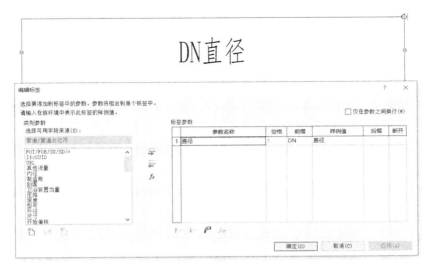

图 4-51　标签编辑窗口

8）在标签编辑窗口左侧的"类别参数"为可选择的参数项，但此时并没有"是否立管"参数，需要通过共享参数文件进行关联。单击下方的新建按钮""，选择刚才设置的共享参数，将共享参数载入参数列表，此时可以选择设置的共享参数，并将参数添加到右侧的标签参数中。加载共享参数如图 4-52 所示。

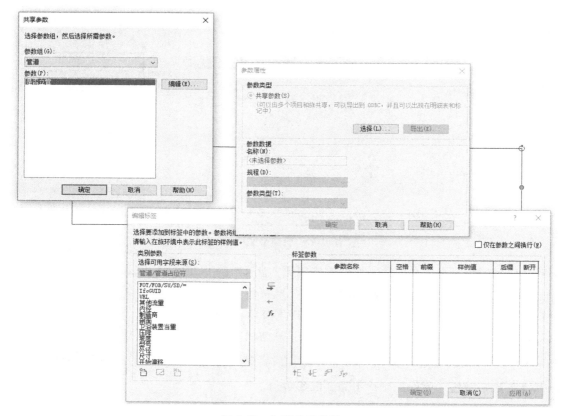

图 4-52　加载共享参数

9）完成参数修改后（图 4-53），单击功能区的"载入到项目"命令。

10）当载入时弹出提示，选择"覆盖现有版本及其参数"命令，这时可以看到之前创建的管道标记发生变化，标记值为在管道的"是否立管"参数中设定的值。完成修改后的标记如图 4-54 所示。

这时最终的标记变为了"否"，与在管道是否立管参数中设置的值一致，如果修改管道中是否立管参数的值，则标记的值也将随着变化。

共享参数不只为关联数据驱动和标记架通桥梁，而且对参数的统一有极好的用处。比如，如果在进行材料统计时没有使用共享参数制作族，那么统计结果将出现多个相同的参数名称，这是因为每个族的参数都是独立的，无法统一数据，如果在做族时采用共享参数，所有的构件均采用唯一的参数，那么在统计的时候也将只出现唯一的参数名称。

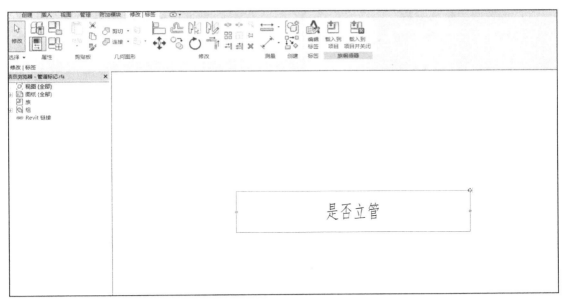

图 4-53　完成参数修改

图 4-54　完成修改后的标记

4.10.4　全局参数

全局参数可用于项目中进行参数驱动，其特点是存在本项目中且能够驱动、关联项目参数和共享参数，全局参数的用途可以多种多用，本节以一个房间边界驱动管道布置调整的例子进行讲解。

1）绘制一组边界墙与一组管道，并添加定位标注，绘制模型如图 4-55 所示。

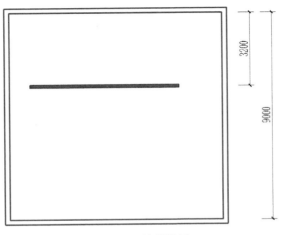

图 4-55　绘制模型

2）设置两组全局参数，全局参数的设置通过选择"管理"→"全局参数"命令打开全局参数设置窗口，如图 4-56 所示，新建两组尺寸标注的全局参数。

图 4-56　全局参数设置窗口

3）选中尺寸标注，在功能区标签一栏中下拉选中设置的全局参数，将尺寸标注与全局参数进行关联，如图 4-57 所示，管道标注关联"管道位置"，房间标注关联"房间长度"。

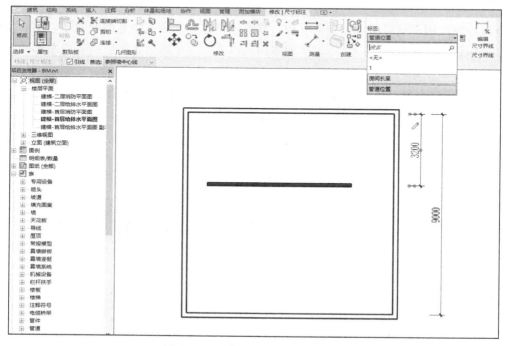

图 4-57　尺寸标注与全局参数关联

4）假设一个场景，改变房间垂直水管方向的长度。若希望管道的位置永远保持在房间从上往下长度的 1/3 处，让模型自动化的调整，此时需要对全局参数添加计算公式，打开全局参数设置窗口，在管道参数公式一栏中输入"房间长度/3"，全局参数设置窗口如图 4-58 所示。

图 4-58　全局参数设置窗口

5）输入公式后，在参数值一栏改变房间长度的数值，单击"确定"按钮后，模型中墙随参数值进行调整，管道位置也随房间墙位置进行变化。变换参数后的模型如图 4-59 所示。

全局参数可以驱动项目中参数和模型的调整，这样的参数关联多用于模块化的自动设计中，也可以利用全局参数进行快速的方案模型生成。当然，它还有更多的使用价值可以去发掘。

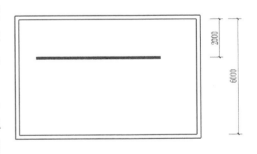

图 4-59　变换参数后的模型

4.11　Revit 的链接

4.11.1　什么是链接

链接用于将其他的模型或者图样作为参照显示在本项目中，可以支持的格式有 rvt、ifc、dwg 等。用户可以查看链接文件中构件的属性信息，但无法对链接文件中的构件进行修改，而且链接文件不会存放在本项目文件中，当链接文件所在文件夹位置被删除或者被移动后，本项目将失去链接文件信息。

链接文件特性可以帮助用户根据项目的需求选择协作方式，当用户希望能看到其他模型或者图样，而又不希望保存在项目文件中，同时保证模型可以进行实时更新，就可以使用链接方式。

4.11.2　链接文件的添加

通过功能区中"插入"命令可以找到链接文件载入的选项，在插入功能下可以选择载入的文件类型，常用的为"链接 Revit""链接 CAD"。

1. 链接 Revit

选择"插入"→"链接 Revit"命令，弹出链接模型选择窗口，如图 4-60 所示，在窗口中找到需要载入的 Revit 文件，在此处用户需要在"定位"中选择定位方式，可以是手动定位，也可以是自动定位，根据项目的不同，选择的方式也将不同。一般情况下，由项目负责人在制作模板时统一规定一种定位方式。在选择好文件以后，可以直接单击"打开"按钮，当文件为工作集方式时，也可以在"打开"的下拉菜单中选择"全部"和"指定"用于控制载入的工作集。

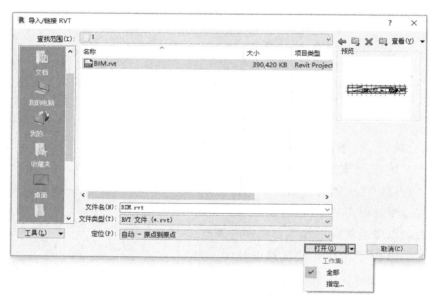

图 4-60　链接模型选择窗口

2. 链接 CAD

选择"插入"→"链接 CAD"命令，将弹出链接 CAD 格式窗口，如图 4-61 所示，在窗口中找到 CAD 所在位置，窗口下方的"文件类型"栏可以设置显示 dxf、dgn、sat、skp、3dm 等格式的文件，确定文件以后，单击"打开"按钮可完成 CAD 文件的载入。在此窗口中可对 CAD 文件的载入进行设置：

（1）定位　同 Revit 的载入类似，可选择自动与手动定位，根据不同的需求而定。

（2）图层/标高　可设置需要载入的图层和标高位置的对象。

（3）放置于　可设置 CAD 文件所在的楼层标高。

（4）导入单位　可选择自动判断和手动判断单位的方式，需要根据实际图样的单位进行选择。

（5）定向到视图　此选项根据项目北、正北而言，若项目北与正北不一致，当视图方向为正北时，取消勾选本选项，链接的 CAD 方向将与项目北保持一致。

（6）仅当前视图　勾选此选项后，链接的 CAD 只有当前视图可见。

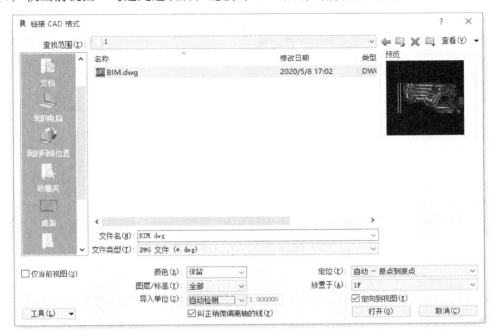

图 4-61　链接 CAD 格式窗口

当链接已成功载入但看不到显示时，可以在绘图区双击鼠标中键，最大化绘图区域，找到偏离的链接。

4.11.3　链接文件的修改

在链接文件载入后，用户可以对其进行移动、复制等常用操作。如果想获得链接文件中某一个构件的属性，可以将鼠标放在链接文件的构件上，按〈Tab〉键，当亮显此构件后可以单击鼠标左键确定选择，在属性窗口可查看此构件的相关属性。

在调整链接文件前，需要注意，当采用的定位方式为自动时，文件载入后会被锁定，必须先对文件进行解锁才能对其进行编辑，当选中锁定文件后将显示锁定工具"∘"，单击便能够完成解锁操作"✎"。

对链接的 Revit 与 CAD 其进行删除操作，可以直接按〈Delete〉键进行删除，也可以通过选择"管理"→"管理链接"命令弹出链接文件管理窗口，如图 4-62 所示，选择需要删除的链接文件，并单击下方的"删除"按钮。

为了方便载入新的文件而不需要再次进行定位调整，Revit 提供了重新载入和卸载等操作：

（1）重载来自　可选择载入文件的位置，可用于无法找到文件的位置或者替换载入文件。

（2）重新载入　可直接重载最新的文件，保证链接文件保持最新版本状态。

（3）卸载　在不删除链接文件的同时，使链接文件暂时不显示，可再次载入。

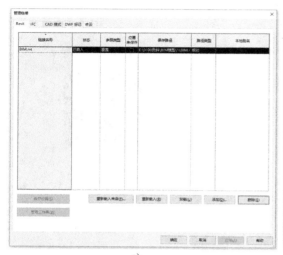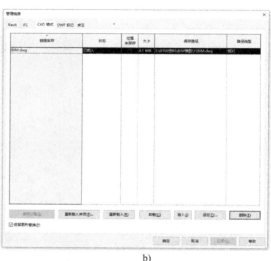

图 4-62　链接文件管理窗口

a）Revit 链接管理窗口　b）CAD 链接管理窗口

4.12　文件的导入

不同于链接文件，如果需要将参照文件保存在项目中，即使源文件被删除或移动，依然可以正常使用参照文件，此时需要将此文件导入进本项目中。

对于 Revit 文件的导入，可以在链接好 Revit 文件以后，选中此链接，选择功能区的"修改｜RVT 链接"→"绑定链接"命令，在弹出的对话框选择需要绑定进本项目的内容，单击"确定"按钮即可完成链接文件的绑定。在链接文件绑定后，可发现构件依然为一个整体，此时需要选中绑定的文件，选择功能区的"修改｜模型组"→"解组"命令，则可完成构件的拆分。

可以通过"管理链接"窗口选择"导入"命令，将链接的 CAD 文件导入本项目文件内，也可选择"插入"→"导入 CAD"命令将 CAD 文件导入。

第 5 章

Revit 显示设置

5.1 显示模式

5.1.1 显示精度

在实际的项目中，不同的模型需要使用不同的显示样式才能达到预期的表达要求。显示精度主要用于控制各类构件的显示样式，实现一个模型多种用途。显示精度的调整在视图控制栏进行设置，如图 5-1 所示。

显示精度分为三种：精细、中等、粗略。由于制作的族不同，在不同的显示模式将有不同的显示样式。一般情况：精细模式下将显示构件的实际样式，中等模式与粗略模式下将显示构件的平面符号。对管道而言，精细模式下将显示管道的实际大小，中等模式与粗略模式下将简化管道显示为一条线，不同精度显示样式见表 5-1。

图 5-1　显示精度的调整

表 5-1　不同精度显示样式

类　别	精　细	中等/粗略
管道及管件		
阀门附件		
机械设备		

可以看到，在中等与粗略模式下，构件的显示方式是一样的。当然，用户也可以通过族的修改，让阀门附件、机械设备在不同的模式下显示不同的内容，以满足表达需求。

5.1.2　显示视觉样式

显示视觉的控制可设置构件的不同显示样式，主要用于在精细模式下进行显示调整。显示视觉样式通过视图控制栏进行设置（图 5-2）。

（1）线框　主要显示构件的主要轮廓线。

（2）隐藏线　同线框模式的显示样式类似，但能显示管线的遮挡关系。

（3）着色　显示构件的图形替换颜色与图案，此设置一般在图形替换和过滤器中完成设置。本书将在后面进行详细讲解。

（4）一致的颜色　构件将显示着色模式下的构件颜色，此时构件的显示将没有阴影变化。

（5）真实　真实模式下，将显示构件的材质颜色，呈现真实的效果。

（6）光线追踪　光线追踪需要打开日光或者灯光的时候才能显示，其在三维模式下用于模拟构件形成阴影的实际情况。

一般情况下，常用的模式为隐藏线与粗略显示配合使用，以达到出图的目的。需要注意的是，使用隐藏线的显示样式时，视图属性中的规程应该机械、电气、卫浴中的一种，显示隐藏线选项中应该选择按规程，否则将无法满足出图要求，出图显示效果如图 5-3 所示。

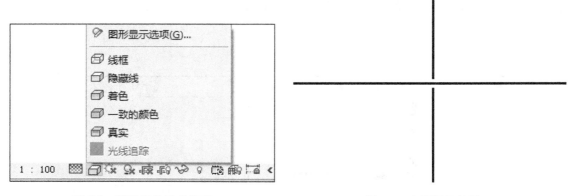

图 5-2　显示视觉样式设置　　　　　图 5-3　出图显示效果

5.1.3　显示比例

显示比例的设置主要用于控制在不同出图要求下的图例大小、线型宽度、标注文字大小等，应根据确定的出图比例进行设置，显示比例的调整可在视图控制栏中选择，如图 5-4 所示。

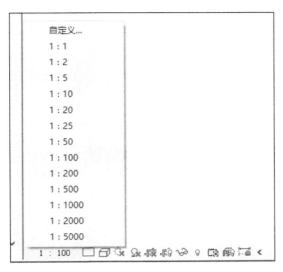

图 5-4　显示比例的调整

5.2　线型及线宽的设置

5.2.1　线宽显示开关

为了不影响查看构件的真实轮廓，常常会根据需要打开或者关闭线宽的显示。在传统的制图项目中，常常需要加宽管线的线宽，以突出显示管线。在 Revit 中同样保留了这一制图习惯，因此，在出图时，通常使用线宽的显示开关。

线宽的显示开关可通过选择"视图"→"图形"→"细线"命令进行设置，也可按〈T〉+〈L〉键进行设置，线宽显示效果比较如图 5-5 所示。

a)　　　　　　　　　　　　　　　　　b)

图 5-5　线宽显示效果比较

a）未显示线宽　b）显示线宽

5.2.2　线型图案的设置

在制图标准中，不同用途的线所使用的线型是不一样的，如管线的显示采用实线，投影线采用虚线表示。因此，在出图表达时，也需要用到这些不同的线型。

线型的设置在"管理"→"其他设置"→"线型图案"中进行，打开线型图案管理窗口，如图 5-6 所示，可以看到在项目中已经有一些设置好的线型图案。用户可以对这些线型图案进行修改编辑，也可以根据需求增加。

图 5-6　线宽图案管理窗口

单击"新建"按钮，打开线型图案属性窗口（图 5-7a）。用户需要对线型的名称及样式进行设置。在图 5-7a 中，新建了一个名为"虚线"的线型，线的起点类型为圆点，此时没有值是因为圆点没有长度，圆点之后紧接着是一个间隙空间，长度为 1mm，新建线型显示效果如图 5-7b 所示。

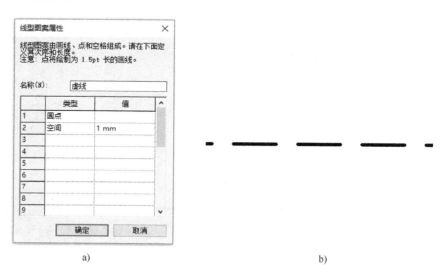

a)　　　　　　　　　　　　　　　　　b)

图 5-7　新建线型图案

a）线型图案属性窗口　　b）新建线型显示效果

此时应注意，绘制出来的虚线并没有圆点，而是点画线，这是因为在 Revit 中线没有真实意义上的点，而是通过短线进行绘制。将短线固定在一定的较小长度，便可形成虚线的样式。另外一个问题是，测量间隙的大小时发现间隙可能并不是设置好的 1mm，这是因为线的显示会跟随视图比例自动进行调整，如当视图比例为 1:100 时，此时的间隙应该是 1mm×100，也就是 100mm。

5.2.3　线样式的设置

设置好线型图案以后，在绘制线的时候并不能找到设置的线型图案，这是因为在绘制线的时候使用的是线样式，并不是线型图案，因此需要进行线样式的设置。

线样式通过选择"管理"→"其他设置"→"线样式"命令进行设置，打开线样式管理窗口，如图 5-8 所示，可以对线的线宽、线颜色、线型图案进行调整，也可以新建线样式。

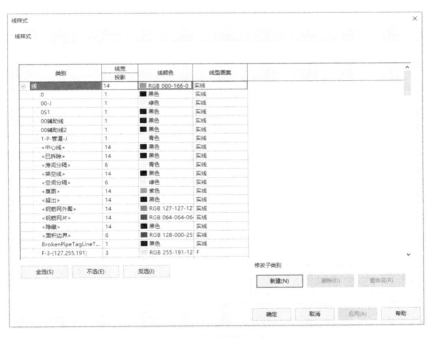

图 5-8　线样式管理窗口

5.2.4　线宽的设置

线宽用于在出图时控制线条的宽度，一般将底图显示为细线，而需要重点表达的东西会有不同的线宽值。

线宽的设置通过选择"管理"→"其他设置"→"线宽"命令进行，打开线宽设置窗口，如图 5-9 所示，可以看到在上方的选项卡中有三组选项：

（1）模型线宽　主要用于控制模型、绘制的线等对象的宽度。

（2）透视视图线宽　主要用于控制在透视图中对象的线宽。

（3）注释线宽　主要用于控制剖面、尺寸标注、标记等对象线宽。

图 5-9　线宽设置窗口

线宽的设置中有 16 种线型宽度值，以满足不同的需求，对于模型线宽的设置，对同一种线宽的索引有不同的比例显示宽度，主要是为了满足同一个对象在不同比例状态下的不同显示宽度，此线宽值表示打印在图纸上时线条的实际宽度。一般情况下线条宽度不随比例的变化而变化，因此常设置为一致的值，当然本设置随标准的不一致有所差别。

表 5-2 列举了几种常用的线宽值。

表 5-2　常用的线宽值

类　　型	底　　图	水平管道及管件	立　　管	阀门及附件	机械设备
宽度/mm	0.025	0.600	0.200	0.025	0.025

5.3　材质的定义

5.3.1　管道材质定义

选中一段管道，可以看到在管道的属性中有一组材质属性，该属性显示为灰色，无法进行修改，这是因为管道的材质默认与管道类型配置中的管段材质保持一致，默认的材质名称为管段的前缀，如"钢管-无缝钢管"，则材质的名称为"钢管"，当管段种类不满足要求时，需要通过管段与材质的新建进行添加。选择"管理"→"MEP 设置"→"机械设置"→"管段和尺寸"命令打开管段管理窗口，如图 5-10 所示。

单击管段一栏的新建按钮"▯"进入新建管段窗口，如图 5-11 所示，在"新建"栏

图 5-10　管段管理窗口

中选择"材质"单选按钮，在材质设置一栏右侧单击"……"按钮进入材质浏览器，如材质窗口无相应的材质，可以进行新建，确定好材质之后单击"确定"按钮，至此可以完成新材质管段的新建，并可以关联管道类型进行使用。

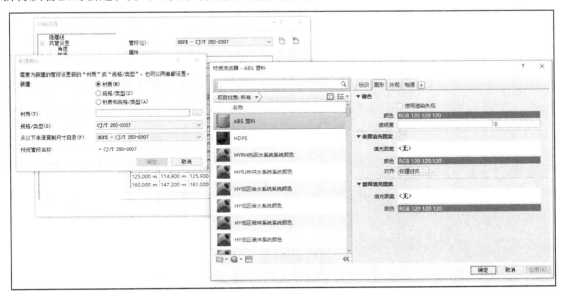

图 5-11　新建管段窗口

5.3.2　管件、阀门附件及机械设备材质的定义

选中管件、阀门附件或者机械设备后，在属性窗口找到"材质和装饰"，如果此参数在制作时采用的是类型参数，那么就应该在选中构件后，通过单击属性窗口中的"编辑类型"命令打开属性编辑窗口，找到"材质和装饰"项，单击"……"按钮，在弹出的窗口中选择

需要使用的材质名称，确定即可完成材质的定义。管件材
质参数设置窗口如图 5-12 所示。

若部分构件找不到"材质和装饰"属性，则说明此构
件未添加相关材质参数，那么可以编辑族添加相应的参数。

图 5-12 管件材质参数设置窗口

5.3.3 系统材质的定义

系统材质，顾名思义表示定义这个系统的材质。对系统赋予材质以后，这个系统内的所
有构件将按照该材质的设置显示，因此，使用系统材质既有优点也有缺点，应该根据需要进
行选择。

（1）优点　不用对每个构件设置材质，也不用设置显示过滤器（过滤器为显示控制器，
后面将详细讲解），绘制的管道、设备、阀门附件均按照设置的颜色进行显示，快捷方便。

（2）缺点　无法对系统中构件进行单独的材质设置。

在选中系统后，通过属性窗口单击"编辑类型"命令，打开编辑类型属性窗口，如
图 5-13所示，找到材质并选择、修改该材质，单击"确定"按钮即可完成系统材质的定义。

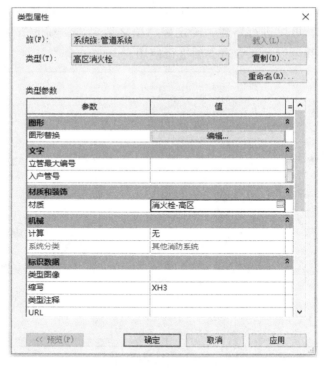

图 5-13　编辑类型属性窗口

5.3.4 删除已经定义的材质

有时定义好材质以后，需要取消定义的材质，删除材质名称以后，如果不选择材质，系
统将会报错，这时可以在删除材质名称之后，输入"〈按类别〉"，则可取消材质的定义。

5.4 视图显示的控制

5.4.1 平面视图范围

平面视图范围用于控制在平面上可以查看到某一高度范围内的构件，平面视图范围的设置在视图属性窗口中的"视图范围"中进行设置，打开视图范围设置窗口，如图 5-14 所示，可以单击"显示"命令打开显示说明，对于管道及阀门附件，常常控制在视图范围⑤中，此时平面将正常显示。对每个区域的说明，可以单击"了解有关视图范围的更多信息"链接进行详细了解，然后根据说明中的含义去调整"主要范围"栏中的参数。

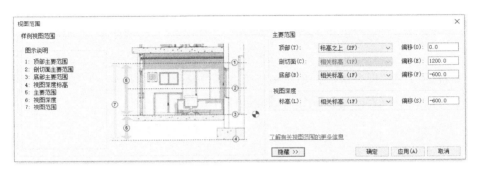

图 5-14 视图范围设置窗口

此设置多用于出图或者绘制模型时，控制想要表达在本层视图范围内的模型构件。

5.4.2 平面裁剪视图

平面裁剪视图主要用于控制在平面内可以查看的平面区域范围，平面裁剪视图通过视图属性中的"裁剪视图"命令进行设置，常常结合"裁剪区域可见"与"注释裁剪"进行设置。

（1）裁剪视图 控制是否进行视图裁剪。

（2）裁剪区域可见 控制是否显示裁剪区域的范围线。

（3）注释裁剪 当有标记等注释时，勾选此选项后才可以将裁剪区域以外的注释隐藏。

添加裁剪视图时，首先需要勾选"裁剪视图"与"裁剪区域可见"选项，双击鼠标中键，待平面视图最大化以后找到裁剪框，选中裁剪框，拖动裁剪框上的圆点进行裁剪范围的修改，当范围确定后，取消勾选"裁剪区域可见"选项即可完成平面视图可见范围的设置。平面裁剪视图如图 5-15 所示。

在裁剪区域范围框的边界上，可以看到"〱"符号，此符号表示水平视图截断，单击此符号，裁剪视图范围将被拆分。拆分平面裁剪视图如图 5-16 所示。

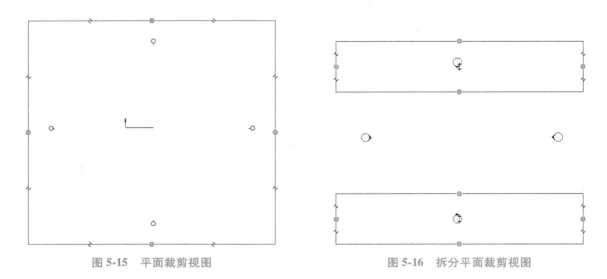

图 5-15　平面裁剪视图　　　　　　　　　　图 5-16　拆分平面裁剪视图

在裁剪视图范围被拆分以后，如果想要合并拆分区域，可以将一个区域的边界线拖动到另外一个区域的边界线上，这样拆分区域将进行自动合并。

5.4.3　平面视图方向

在链接建筑模型时，一般情况下采用自动定位的方式，而不采用手动去修改建筑模型的位置，这是为了保证模型的坐标与建筑的坐标一致，但链接进来的建筑底图方向出现一定的倾斜，不利于模型绘制，这个时候就可以用到"项目北"命令。

旋转"项目北"通过选择"管理"→"项目位置"→"位置"中的旋转"项目北"命令进行设置。系统预设了几种旋转方式，用户可以根据需要选择快捷的"与线对齐"或者"角度选择"等方式，以达到准确对正。旋转"项目北"如图 5-17 所示。

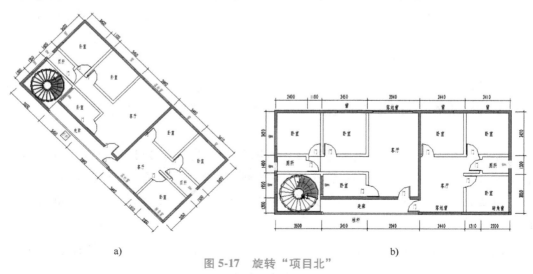

a)　　　　　　　　　　　　　　　　　　　　b)

图 5-17　旋转"项目北"

a）旋转项目北前　b）旋转项目北后

在平面视图的方向属性中，存在"项目北"与"正北"两种方向，在选择"项目北"以后，如果想回到建筑设置的项目真实方向，可以在视图属性方向中选择"正北"，此时平面视图将回到真实的方向进行显示。"项目北"与"正北"表示的含义如下：

（1）项目北　表示模型的视图方向，是相对于视图而言的，对实际的项目方向值不产生影响，可进行任意的旋转。

（2）正北　表示模型基于场地真实世界的方向，其坐标值与方向属性都是真实的，因此一个项目的正北应该是唯一且固定的值，不能任意修改。

5.4.4　平面区域

在绘制模型或者出图时，设置的视图范围一般为绝大多数构件的高度，如果有某一些构件的高度不在视图显示范围内，又不能因为部分构件而调整视图范围，这个时候可以用到平面区域，平面区域可以通过设置某一个区域的视图范围，以达到局部的特殊显示。

平面区域可通过选择"视图"→"平面视图"→"平面区域"命令进行创建，进入平面区域绘制命令以后，可以在"修改 | 创建平面区域边界"栏中选择绘制方式，在属性窗口的"视图范围"进行显示范围的设置，当完成绘制时，单击"修改 | 创建平面区域边界"中的"✔"按钮即可完成绘制。平面区域显示效果如图 5-18 所示。

在绘制平面区域需要注意的是，不能有平面区域的边界重合，否则将无法完成绘制。

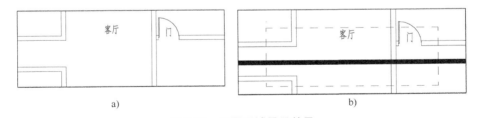

图 5-18　平面区域显示效果

a）设置平面区域前　b）设置平面区域后

5.4.5　平面视图规程

平面视图规程为软件预设的显示样式，为了满足不同的显示需求，软件预设了建筑、结构、机械、电气、卫浴、协调等显示样式，而且无法对每一种预设进行修改。对给水排水出图而言，此选项常常影响管线上下遮挡时的隐藏显示模式，本书前面也有提到。

在出图时，为了显示管线的上下关系，需要进行管线的遮挡关系显示，因此需要在视图的属性中将规程设置为机械、电气、卫浴等规程的一种，而且显示隐藏线一栏中应该选择"按规程"项，这样才能正常显示上下遮挡关系。

5.4.6　图元显示替换

图元显示替换可以实现对某一个或者某一类构件的显示进行设置，可对构件的线型及显示透明度等进行设置。选中构件后，单击鼠标右键，在弹出的菜单中选择"替换视图中的图形"命令，可以根据需要选中按图元、构件类别，或者过滤器进行显示替换（图 5-19）。一般情况下，此设置多用于某一个构件的显示替换，类别与过滤器的方式建议通过专属的管理方式进行，本书后面将进行讲解。

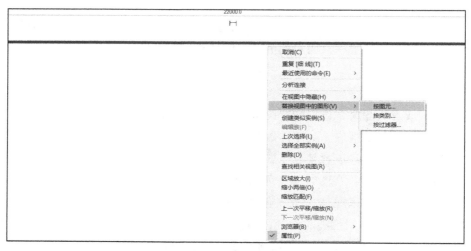

图 5-19　显示替换菜单

选择"按图元"的方式，在弹出的"视图专有图元图形"窗口中可以设置需要替换显示的样式（图 5-20），对于不同的构件可能会出现一定的选项差别。

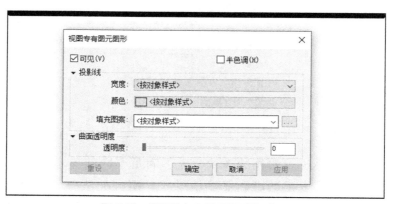

图 5-20　"视图专有图元图形"窗口

以管道为例，在"投影线"栏中选择"填充图案"为虚线，作为替换显示，确定后可以发现原本为实线显示的管线，现在显示为虚线，且其他的管线仍然按照实线的方式显示。按图元替换显示如图 5-21 所示。

图 5-21　按图元替换显示

5.4.7　视图过滤器

视图过滤器主要用于控制视图中构件的显示，采用过滤器的优点在于可以实现精细化过滤，比如同样属于管道类型的构件，可以根据属性的不同进行过滤控制。

过滤器控制显示的设置通过选择"视图"→"可见性/图形"→"过滤器"命令进行，如图 5-22 所示。此处利用给水系统的过滤器对给水管道进行开关显示，当然还可以对管道的显示颜色、线型、图案等进行管理。

图 5-22　过滤器控制显示

a）打开显示　b）关闭显示

用户还可以根据需要添加或者修改过滤器。添加过滤器如图 5-23 所示。本节以添加为例来对过滤器的使用过程进行详细的讲解。在过滤器管理窗口选择"添加"→"编辑/新建"命令，进入过滤器规则设置窗口，单击过滤器名称最下方的" "按钮进行新建，在新建窗口选择"定义规则"并输入过滤器名称，这里输入的过滤器名称为"消防管道"，单击"确定"按钮即可完成。

新建过滤器名称后，在过滤器规则设置窗口（图 5-24）左侧选中新建的"消防管道"，然后对右侧的参数进行详细的设置：

（1）类别　此选项根据过滤构件的种类进行控制，如果需要过滤控制管件，则应该勾选"管件"选项，如果需要过滤控制管道，则应该勾选"管道"选项，如果需要过滤控制管件及管道，则应该勾选"管件"与"管道"两组选项。

（2）过滤器规则　在上一步选择类别后，通过参数选择得出精细过滤值，这个值应该是选择类别所共有的参数。以管道为例，需要过滤的是消防管道。除了消防管道，项目中有排水管道、给水管道等多种管道。这个时候需要寻找它们的不同点，这个不同点根据建模的不同而不同，我们可以根据管道的属性进行比较。比如本项目消防管道与给水管道的系统分类不同，可以通过这一个参数进行区分。在过滤条件中，选择过滤参数为"系统分类"，选

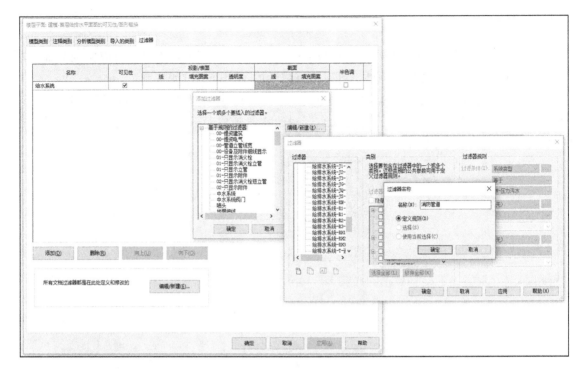

图 5-23 添加过滤器

择值的条件为"等于",在下面的下拉菜单中选择与消防管道的系统分类值相等的名称："湿式消防系统",单击"确定"按钮即可完成新建。

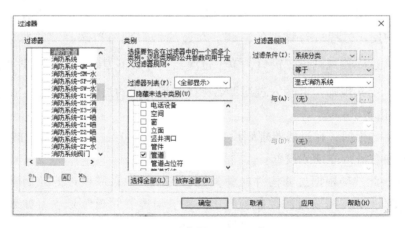

图 5-24 过滤器规则设置窗口

在添加过滤器规则里面选中刚才增加的消防管道过滤器,单击"确定"按钮即可添加到过滤器设置页面,这个时候可以关闭消防管道的显示,若消火栓管道不再显示,则表示过滤器设置成功。过滤器管理消防管道显示如图 5-25 所示。

在设置过滤器需要注意以下几点:

图 5-25　过滤器管理消防管道显示

1）参数一定要与构件参数匹配，选中构件后，可以在属性窗口进行参数的查看。

2）过滤条件中，参数值的判断方式可以选择等于、大于、包含、不包含等多种方式，根据需要进行设置。

3）过滤参数不限于可选项，也可以单击 " ⋯ " 按钮选择与构件相关联的合适参数。

4）过滤条件可以设置多个，以便进一步地精确过滤，可以先设置大的条件，再设置小的条件，比如消防管道 "系统分类" 都为 "湿式消防系统"，如果用户想对其中某一个小系统名称的管道进行过滤，则可以增加 "系统类型" 来进行过滤条件的设置。多条件过滤设置如图 5-26 所示。

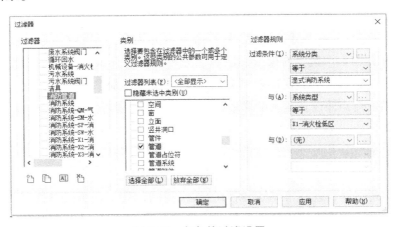

图 5-26　多条件过滤设置

5.4.8 管道系统

管道系统中也可以设置图元显示控制。打开管道系统的编辑类型属性窗口，如图 5-27 所示，在类型属性中"图形"一栏中，打开"编辑图形替换"，可以对线型、线宽、颜色等进行显示设置。

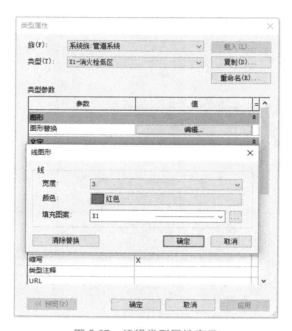

图 5-27　编辑类型属性窗口

5.4.9 视图可见性/图形替换

视图可见性/图形替换主要用于控制构件的显示状态，与过滤器的作用相似，不同的是，过滤器能够进行精细的过滤，而视图可见性/图形替换只能按照类别进行控制，如控制管道的显示只能设置所有管道的显示，而无法区分是消防管道还是给水管道。

通过选择"视图"→"可见性/图形"命令打开视图可见性/图形替换设置窗口，如图 5-28 所示。在此窗口中选择对模型、注释、分析模型、导入的图样或模型进行显示控制设置。此设置有过滤器无法取代的控制方式，如"模型类别"中对详细程度的控制，在此功能下可以对某一类构件设置显示的详细程度，此详细程度将优先进行显示，不随视图的详细程度变化而变化。

5.4.10 对象样式

对象样式与过滤器、视图可见性/图形的作用相同，其特点是可以控制构件在所有视图中的显示，如果视图中没有对该类构件进行过滤器、视图可见性/图形替换等显示控制，那么对象样式的修改将影响所有视图的显示。

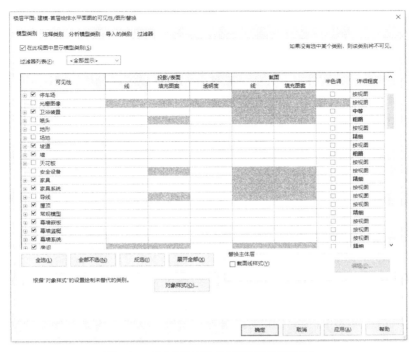

图 5-28　视图可见性/图形替换设置窗口

基于对象样式的特性，对象样式常作为构件的默认显示设置。单击视图可见性/图形页面下方的"对象样式"按钮打开对象样式管理器，如图 5-29 所示，可以对模型对象、注释对象、分析模型对象、导入对象等进行设置。

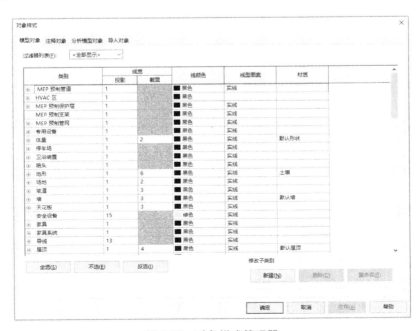

图 5-29　对象样式管理器

5.4.11　显示控制优先级

前面讲到了多种控制构件显示的设置方式，如果两种设置显示方式不一致，构件将如何进行显示呢？在软件中，构件显示控制的方式有相应的显示优先级，因此不会存在相互冲突而无法进行正确显示的情况，显示控制的优先级如下：

图元替换>视图过滤器>管道系统>视图可见性/图形>对象样式

这几种不同的显示控制方式所作用的视图范围不同：管道系统、对象样式用于图元所在的所有视图；而图元替换、视图过滤器、视图可见性/图形仅用于当前视图。

5.4.12　临时隐藏

临时隐藏主要用于临时性地将图元在视图中隐藏。图元隐藏后，可选择恢复显示，也可以选择在视图中永久性隐藏。

临时隐藏的设置在视图显示控制栏中进行，选中构件以后，在视图控制栏选择"临时隐藏/隔离"命令，在弹出的功能选项中选择"隐藏图元"选项，则图元将在视图中进行临时性的显示关闭，当然也可以直接输入快捷命令"HH"进行功能调用。临时隐藏/隔离菜单如图 5-30 所示。

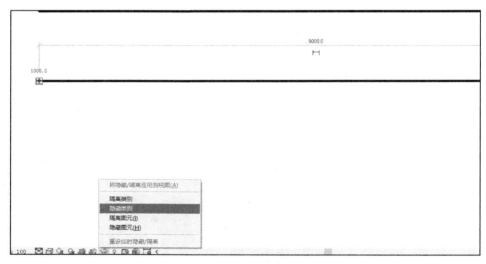

图 5-30　临时隐藏/隔离菜单

在功能选项中存在隐藏图元与隐藏类别两种选项：

（1）隐藏图元　主要用于选中的图元构件隐藏设置。

（2）隐藏类别　主要用于选中的图元所在类别的所有构件隐藏设置。

在设置完成临时隐藏以后，可以在视图控制栏打开"临时隐藏/隔离"，选择"重设临时隐藏/隔离"或者使用快捷命令"HR"即可恢复构件的显示，如果选择"将隐藏/隔离应用到视图"则将构件的隐藏永久保存在本视图中。

5.4.13　临时隔离

临时隔离主要用于将图元进行隔离显示，便于进行查看与修改。临时隔离的设置同临时隐藏类似，可以选择"临时隐藏/隔离"中的"隔离图元"，也可使用快捷命令"HI"，隔离后的图元同临时隐藏设置一样，可以恢复显示，也可将隔离显示的情况永久保存在视图中。

5.4.14　MEP 管道设置

MEP 管道设置主要用于设置管道在单线出图时的显示状态，通过选择"管理"→"MEP 设置"→"机械设置"命令打开机械设置窗口，如图 5-31 所示。

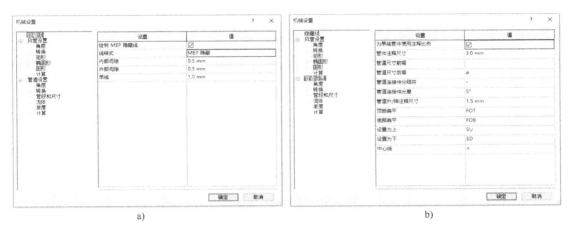

图 5-31　机械设置窗口

a）隐藏线设置窗口　b）管道设置窗口

1. 绘制 MEP 隐藏线

出图时应勾选，否则将无法正常显示管线的上下断关系。

2. 线样式

选择 MEP 隐藏，只有在此线型的状态下才能显示为打断状态，当选择中无此线型时，说明文件中缺少此线型样式，可以增加此线型图案与线型样式。隐藏线参数设置如图 5-32 所示。

（1）单线　控制打断显示时中间间隙的长度。

（2）为单线管件使用注释比例　只有勾选后构件的二维表达才可以随比例的变化而变化，因此应勾选。

（3）管件注释尺寸　表示插入阀门附件时，管道中间为阀门附件二维图例留出的显示间距，本书将在后面讲解族的时候进行详细讲解。

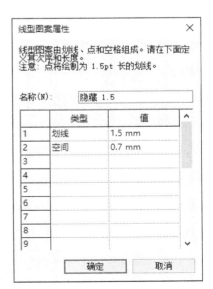

图 5-32　隐藏线参数值

（4）管道升/降注释尺寸　表示管道的立管显示大小，设置为1.5mm比较合适。

5.5　视图样板的应用

5.5.1　什么是视图样板

前面提到很多的控制视图方式，不管是设置视图中构件类别的可见性还是控制视图中构件的显示方式，都需要在每个视图中进行设置，这样的方式效率比较低，如果有多个视图需要用到同样的设置方式，那么便可以使用视图样板。

视图样板就是将当前视图的设置记录至样板中，当在其他视图中需要相同的视图显示控制方式时，便可以直接使用视图样板进行控制，达到高效便捷的目的。

5.5.2　如何制作视图样板

视图样板的制作可以通过多种方式进行：

1）通过复制其他视图样板进行修改。

2）通过设定好的视图进行创建。

第一种方式：选择"视图"→"视图样板"→"将样板属性应用于当前视图"命令，弹出应用视图样板窗口，如图5-33所示，在左侧样板名称中选择一个视图样板，并通过最下方的复制按钮创建视图样板，在右侧可以设定需要控制参数的值。在右侧视图属性中，每一个属性后面都有一个复选框，勾选后，就表示视图样板会控制视图中本项参数的值，如果不勾选，那么可以根据需要在视图中进行单独的调整。

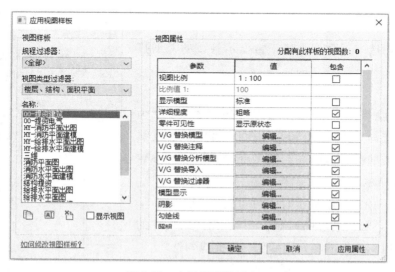

图5-33　应用视图样板窗口

第二种方式：选择"视图"→"视图样板"→"从当前视图创建样板"命令，将弹出新视图样板创建窗口，如图 5-34 所示。在名称一栏中输入新视图的名称，确定后将进入视图样板管理窗口，同应用视图样板设置窗口，用户可以设置参数的值与控制的属性参数项。

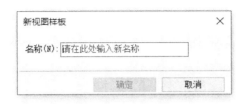

图 5-34　新视图样板创建窗口

5.5.3　视图样板的修改

视图样板的修改可以通过选择"视图"→"视图样板"→"管理视图样板"命令打开视图样板管理窗口（图 5-35）进行。在左侧窗口选中相应的视图名称后，便可以对右侧的参数值进行修改。

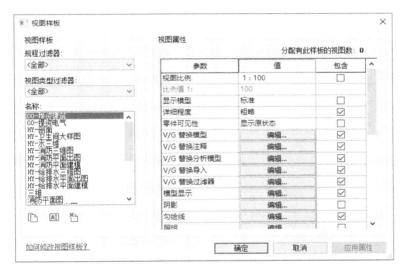

图 5-35　视图样板管理窗口

5.5.4　视图样板的使用

用户可以直接选择在视图属性中的"标识数据"→"视图样板"命令打开指定视图样板窗口，如图 5-36 所示，选中视图样板的名称，单击"确定"按钮即可完成视图样板的使用。

视图样板使用以后，用户将无法对视图样板控制的属性项进行调整。如果想要取消视图样板的使用，在选择视图样板时选择"〈无〉"即可。

视图样板的特性也可用于过滤器的快捷添加，前面提到添加过滤器需要单个地进行添加，效率很低，可以利用视图样板，制作好过滤器的种类，在应用好视图样板以后再取消视

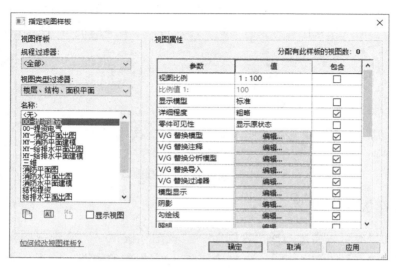

图 5-36　指定视图样板窗口

图样板的使用，那么过滤器设置将保存在视图属性中，这种方式既灵活方便，也保证了效率。

第6章
Revit 族的自定义

6.1 族中常用功能

6.1.1 如何新建族

通过前面的讲解可以发现族有多种类型与用途，那么在制作族的时候如何实现这么多类型的变化呢？

在制作族之前，一定要熟悉的了解族的特性，这将关系到族是否满足要求。以水泵为例，常见的水泵为在某一个标高上放置水泵族，而阀门需要插入到管段中才能自动进行连接，这样不同的绘制方式可以极大地提升建模效率，因此在新建族时一定要根据构件的特性进行。

在制作族之前，需要选中族的样板，选择"文件"→"新建"→"族"命令打开族样板选择窗口，如图 6-1 所示，在这里可以选择族是基于标高还是基于面等不同的方式。以下重点讲解几个常用的样板。

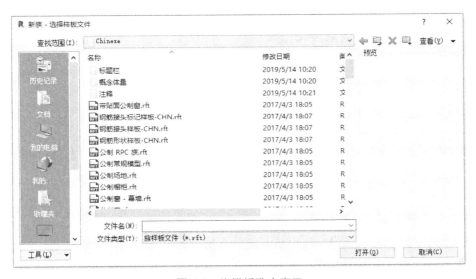

图 6-1 族样板选中窗口

（1）公制机械设备 公制表示单位为公制单位，以 m、mm 为主要单位，通过此样板制作的族可以根据标高进行放置，多用于水泵等设备的制作。

（2）基于墙　基于墙有多种的族类型，表示族必须放置在墙上，以墙为基准面进行显示。其可以用于套管、壁灯、消火栓等构件的制作。

（3）基于楼板　此样板表示族在建模时需要放置在楼板上才能进行绘制，多用于支架、吊灯等构件的制作。

无论是基于什么样的方式绘制族，在选择好族样板进入族的新建页面以后，可以选择"创建"→"属性"→"族类型和族参数"命令打开族类别和族参数管理窗口，如图 6-2 所示，用户可以在此窗口中修改族所属类别。族样板的用途主要是确定放置族的方式，而此族将用于什么类别的用途可以通过此方法进行修改。

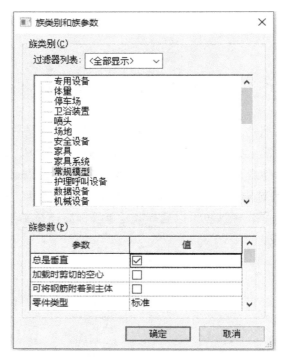

图 6-2　族类别和族参数管理窗口

有的时候可能因为安装原因，新建的时候找不到这些族样板，可以通过这样几种方式进行解决：

1）打开族样板目录"C：\ ProgramData \ Autodesk \ RVT 2018 \ Family Templates \ Chinese"，此方法前面的盘符应该是系统目录。

2）如果目录中没有族样板，可以从其他计算机中复制。

3）也可以找到现有类似的族，通过修改此族以达到想要的效果。

6.1.2　创建构件

在创建族菜单可以看到如下功能（图 6-3）：

图 6-3 创建族菜单

（1）属性 可用于设置族中的构件类别和族中的参数。

（2）形状 可用于创建各种的构件形状，对于创建的过程，可以将鼠标指针放置在功能上，软件将有详细的介绍。

（3）模型 可用于创建模型线、构件、模型文字、洞口等构件。

（4）控件 可用于为构件添加翻转控件，实现快捷的转动。

（5）连接件 管道与设备、阀门附件等相互连接必须通过这个连接件才能进行无缝搭接，因此在族制作完成后，需要在族的连接处添加连接件，并确定连接管道的大小。

（6）基准 可绘制参照线与参照平面，主要用于参照定位。

（7）工作平面 在 Revit 中，任何构件的绘制都有工作平面。比如，若工作平面是水平的，则不能在水平面上绘制竖向的线或者模型，绘制必须在一个唯一的平面中进行，因此，在需要绘制不规则的构件，或者在三维视图实现任意方向的建模时，需要设置相应的工作平面。

6.1.3 插入

插入选项中可以载入模型、族、CAD 等文件，其方法与模型文件的插入一样。插入菜单如图 6-4 所示。

图 6-4 插入菜单

6.1.4 添加注释

在注释功能下，可以为族添加尺寸标注、详图、文字等注释内容，注释菜单如图 6-5 所示。详图功能常用于进行平面图例符号的制作。

图 6-5 注释菜单

6.1.5　载入到项目

载入到项目中分为"载入到项目"与"载入到项目并关闭"。选择"载入到项目并关闭"方式将关闭族文件，因此在此之前应该保存族。在载入族到项目中时，可能会提示"覆盖现有版本"与"覆盖现有版本及其参数值"，这是由于族修改后带来的变化，需要确认是否替换。如果不需要利用新族中的参数值，那么应该选择"覆盖现有版本"，避免新值带来的族变化。

有的族是通过项目中族的修改而来的新族，当用户不希望替换掉原有的族时，可以先另存族为其他的名字，再次载入时将会被认定为是新的族。

6.1.6　显示预览

在族编辑的时候，默认所有的构件都会显示，如果希望临时查看实际使用过程中的效果，则可以使用显示预览。通过功能区的预览开关可以进行切换，此功能多用于检查构件的在不同视图状态下的显示是否正确。显示预览菜单如图6-6所示。

图 6-6　显示预览菜单

6.2　标记族的制作

标记族的类别为注释，因此在新建标记族的时候选用的族样板应该是注释族。以创建管道的管径与标高标注为例，创建的标记显示样式为"DN 管径 H+标高"。

1）在新建时找到注释族样板，这个时候并没有管道的标记族样板。有多种解决方式，前面已经进行讲述，此处在相似用途样板中进行修改，选择"公制常规标记"，进入新建页面。

2）在族类别和族参数中将标记族的类别改为管道标记，如果勾选下方的"随构件旋转"，标记的文字将跟随管道的平行方向。族类别和族参数管理窗口如图6-7所示。

3）在确定后，只保留绘图区域的参照平面，如图6-8所示。

4）在创建功能下创建标签，选中标签并单击功能区的"编辑标签"命令，在编辑标签窗口左侧选择相应的值，并添加到右侧的标签参数窗口。设置标签参数如图6-9所示。

此时需要注意的是，在所选的参数中并没有"DN"与"H+"，因此需要为参数添加前缀。勾选"断开"选项后参数将分成两行排布，这里设置为一行显示，但是在"开始偏移"的前面应该有一个空格与尺寸隔开，因此在空格中输入"1"。在此还需要对直接的数值显示进行设置，在项目中默认的直径显示是有后缀"mm"的，实际标注的习惯是不带"mm"，因此在右侧选中直径参数后，单击下方的"⚡"按钮编辑参数格式，取消勾选

"使用项目设置"选项，并在单位符号一栏中改为"无"。

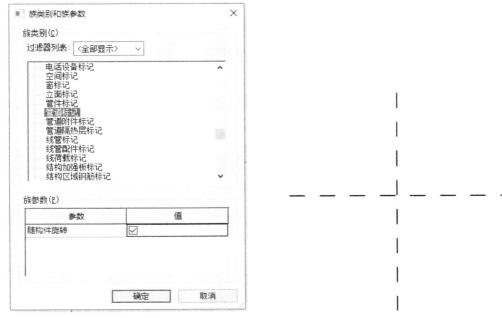

图 6-7 族类别和族参数管理窗口　　　　图 6-8 绘制区域的参照平面

图 6-9 设置标签参数

5）在标签下方画一条线，并在参照平面线的交点上。这条线主要用于使管道标记符合用户的表达习惯，导入后便可以看到效果。除此之外，在标签的上方画另外一条线，并在属性窗口中取消"可见"的勾选。设置好不可见以后，再利用之前画的线将这条不可见线进行镜像处理，保证两根不可见线距离可见线的距离相等，并且不可见线要超过标签的范围。后面将讲述这样做的原理。完善标签样式如图 6-10 所示。

6）此时标记族制作完成，保存名称为"管道标记"后载入项目中，并使用此标记族标记管道，在标记时应保留标记的引线，完成后可以拖动引线的端点与绘制的横线对齐，这样便可以完成一个规范的创建管道标记，如图 6-11 所示。

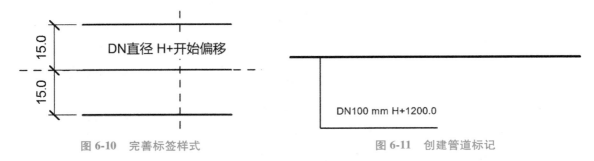

图 6-10　完善标签样式　　　　　　　　图 6-11　创建管道标记

现在回到之前的两条不显示线。这两条线的用途主要是辅助引线定位，如果没有这两条线，引线将连接到文字的中间。未添加辅助线的标记如图 6-12 所示。在标记族中，引线的连接点在所有的图元中心线上，所以要借助这两条线实现标记的规范与美观。

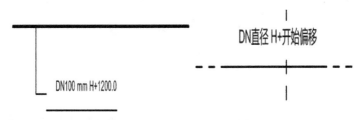

图 6-12　未添加辅助线的标记

在项目中，可以对引线箭头类型做出修改，以满足使用习惯，添加引线箭头显示效果如图 6-13 所示。

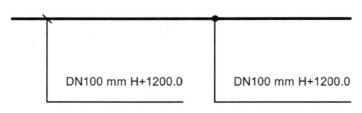

图 6-13　添加引线箭头显示效果

6.3　管件的制作

管件特性是可以跟随管道大小的变化而自动跟随调整，其类别属于管件。下面以弯头管件的制作为例进行讲解：

1）采用族样板"公制机械设备"，并在族中将族类别改为"管件"，零件类型为"弯头"。弯头族参数设置如图 6-14 所示。

2）在设置好参数后，开始绘制弯头的主体。因为弯头的样式带有弯曲度，所以最好通过放样的方式进行绘制。选择"创建"→"放样"命令进入放样绘制。首先需要绘制放样的路径，在功能区单击"绘制路径"命令，绘制两条长度为 100mm 的直线与半径 100mm 的圆弧相切（图 6-15），完成后单击功能区的" ✔ "按钮即可。可以看到绿色的实线和红点，这个便是放样轮廓的绘制平面。在这个平面中区绘制轮廓后可以自动生成形体。需要注意的是，绘制路径的时候一定要根据管件的真实尺寸长度进行绘制，否则可能出现无法生成模型的错误。

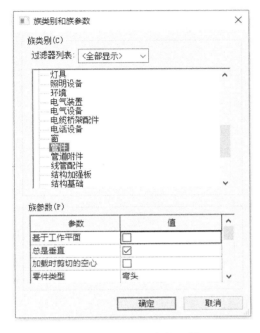

图 6-14　弯头族参数设置

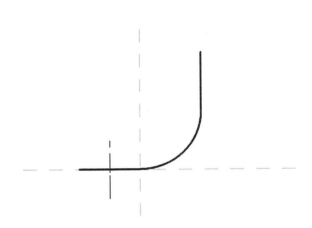

图 6-15　绘制放样路径

3）选择绿色的虚线，在功能区轮廓中单击编辑轮廓命令，弹出视图选择窗口。因为这个轮廓需要在与绘制平面平行的视图才能进行绘制，所以可以选择左右立面视图中的一种。此处选择"立面：右"。选择视图如图 6-16 所示。

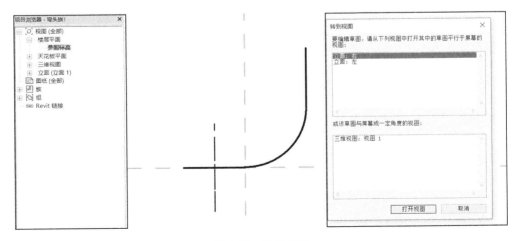

图 6-16　选择视图

4）在进入右立面视图后，可以看到在平面中的红点，可以通过红点判断路径线的位置，弯头截面的圆心应该以路径线为中心进行放样，此处以红点为圆心绘制圆。绘制放样轮廓如图 6-17 所示。

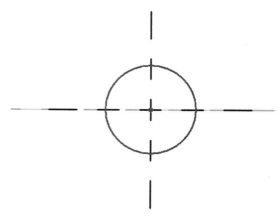

图 6-17　绘制放样轮廓

5）绘制好圆以后，给圆添加一个直径注释，这个注释主要是用于驱动弯头的大小，其跟随连接管道直径的变化而变化。选中直径标注，在功能区标签下为标注添加参数，前面提到过共享参数与项目参数，族参数与项目参数用法一致。此处以族参数作为示例，关联参数与构件轮廓如图 6-18 所示，完成后单击"确定"按钮退出绘制。

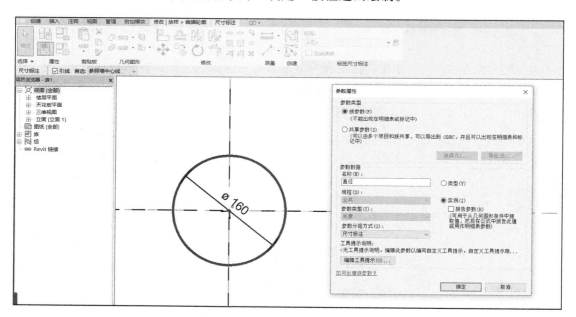

图 6-18　关联参数与构件轮廓

6）确定轮廓的绘制后，单击功能区的" ✔ "按钮完成绘制模型，在三维视图中可以查看构件的形态。完成后的弯头构件如图 6-19 所示。

7）至此构件绘制完成，还需要为构件添加连接件，在三维视图中，选择"创建"→

"管道连接件"命令，并在弯头的两端添加连接件，如图 6-20 所示。

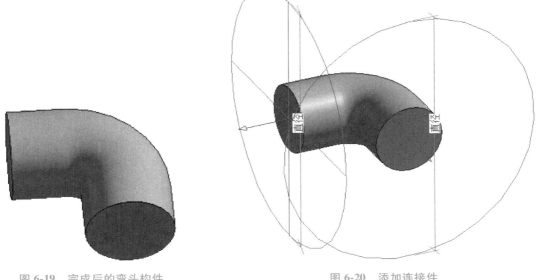

图 6-19　完成后的弯头构件

图 6-20　添加连接件

8）选中连接件，并在属性窗口的"系统分类"中将系统分类改为"全局"，这样便不会在进行管件替换时，由于不同的系统而出现报错。修改系统参数分类如图 6-21 所示。

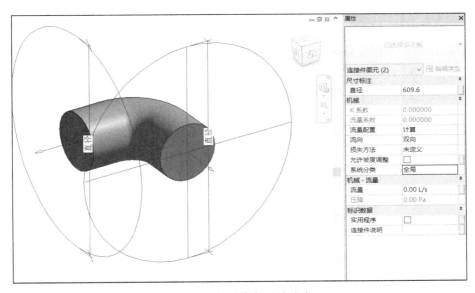

图 6-21　修改参数系统分类

9）可以看到，在属性中"直径"一栏的值很大，与需要不符，而且需要关联构件形体大小进行调整，这个时候单击在直径的值后边"□"按钮，在弹出的窗口选择关联刚才设置的直径参数。关联连接件参数值如图 6-22 所示。

10）至此便完成了弯头的主体绘制，但按传统的绘图习惯，在出图时应采用线条显示

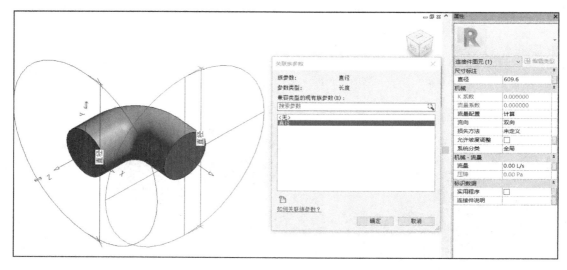

图 6-22　关联连接件参数值

的方式，因此需要为弯头添加平面显示的线条，并设置
显示控制方式。

通过视图管理器回到族的平面视图，选择"创
建"→"模型线"命令绘制用于平面显示的线条。绘
制模型线如图 6-23 所示。

11）一般情况下，构件实体只有在精细模式下才会
显示，而线在粗略与中等模式下显示，所以应选择构
件，在"属性"窗口单击"可见性/图形替换"后的
"编辑"按钮，在弹出的窗口中取消勾选"粗略"与
"中等"，模型线重复上述操作，取消勾选时选择"精
细"。设置精度可见性窗口如图 6-24 所示。

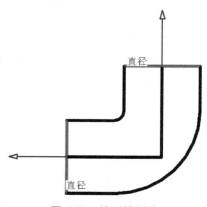

图 6-23　绘制模型线

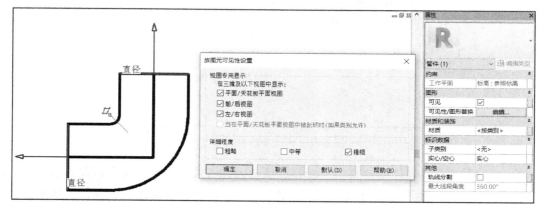

图 6-24　设置精度可见性窗口

12）这时弯头的绘制已经完成，将弯头保存为"BIM-弯头"，并载入项目中配置到管道系统上。采用绘制管道自动生成弯头的方式时，弯头与管道并不是直线，这是因为在绘制时没有将管件的连接件置于中心线上而引起偏差。创建管道弯头如图 6-25 所示。

13）优化后的管道弯头如图 6-26 所示。

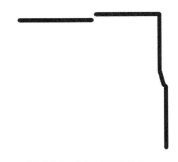

图 6-25　创建管道弯头

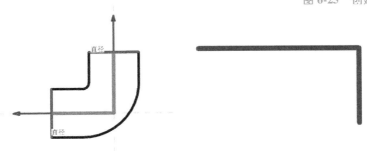

图 6-26　优化后的管道弯头

在实际的弯头绘制中，还应该对阀门的长度和角度进行控制，上述的方式只考虑了一种形式的长度和角度，因此需要再深化才能做出与实际构件一致的弯头，用户也可以利用软件自带的族查看制作思路，不断进行完善。

6.4　阀门附件的制作

阀门附件的制作与管件的制作相似，需要注意的是，阀门附件在二维显示的时候用二维图例表达，而且图例的大小将随图纸比例进行变化。本节以制作 Y 形过滤器为例进行讲解。

1）选择样板文件，也可以利用同类型的族进行修改。族类别设置为"管道附件"。因为放置族的时候要直接在管道上插入 Y 形过滤器，所以在零件类型设置为"插入"。Y 形过滤器参数设置如图 6-27 所示。

2）绘制 Y 形过滤器构件形体，由于 Y 形过滤器形体较为规整，所以可以直接采用拉伸进行建模。Y 形过滤器从侧面看可以划分为几个圆柱体，先在右立面视图进行建模，分别绘制两个较大的圆柱体和一个较小的圆柱体（图 6-28）。

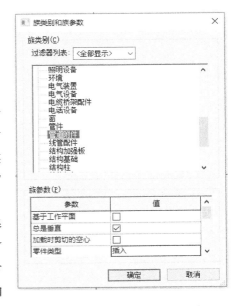

图 6-27　Y 形过滤器参数设置

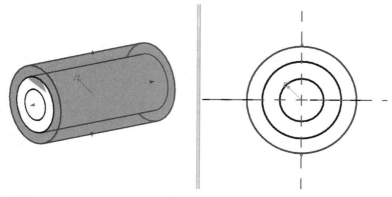

图 6-28　绘制圆柱体

3）两个大的圆柱体可以作为连接处的接头，用于包裹管道，根据管道连接方式的不同，也可以做法兰等连接方式。回到平面视图，将 Y 形过滤器的造型进行深化（图 6-29）。

4）可以为中间主体部分增加连续尺寸标注，标注中间为中心参照线，选择标注后单击标记上的"EQ"，让两端的长度与中心参照线对称。主体制作好以后在两端放置连接件，连接件表示主体与管道连接的连接点，通过选择"创建"→"管道连接件"命令进行绘制，主体绘制结果如图 6-30 所示。

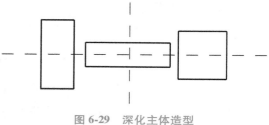

图 6-29　深化主体造型

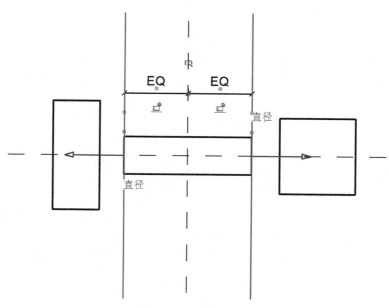

图 6-30　主体绘制结果

有一点需要特别注意，连接件放置在主体上，如果主体不对称，那么连接件的位置相对于中心线也不会对称，这将导致族在项目中绘制时，管道中留给附件符号显示的长度出现偏差，往左或往右的偏差将导致不同的差值，图 6-31 中给出了不同偏差呈现的样式。

　　5）将两端的接头拖动到主体起止点，当出现锁定符号时锁定对齐，给接头的长度添加尺寸标注并锁定长度，这样接头可以随主体的增长或者缩短而自动跟随变化。深化两端接头如图 6-32 所示。

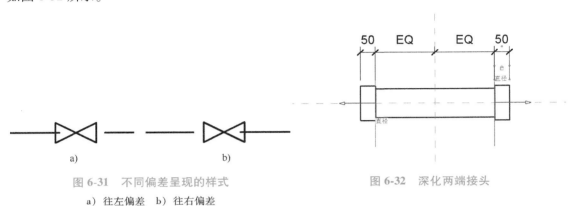

图 6-31　不同偏差呈现的样式

a）往左偏差　b）往右偏差

图 6-32　深化两端接头

　　6）回到右立面，在功能区选择"属性"→"族类型"命令新建两组参数，分别为"直径""接头大小"，可以选择族参数，也可以使用共享参数，此处采用族参数，并设置为实例参数用于控制尺寸标注。添加参数如图 6-33 所示。

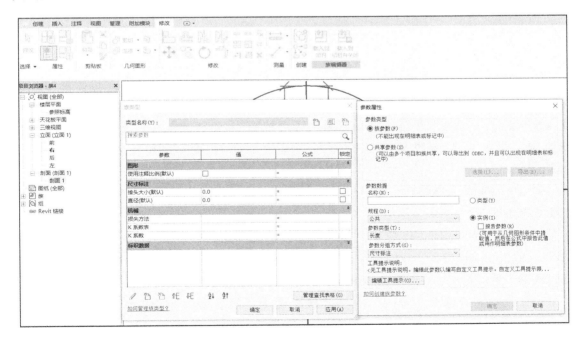

图 6-33　添加参数

7）为接头和主体添加尺寸标注，并关联参数，如图 6-34 所示。需要注意的是，因为构件的属性不同，所以部分构件可以在完成绘制后通过构件外部轮廓关联参数进行数据驱动变化，而部分构件只能通过构件轮廓线关联参数进行数据驱动变化。

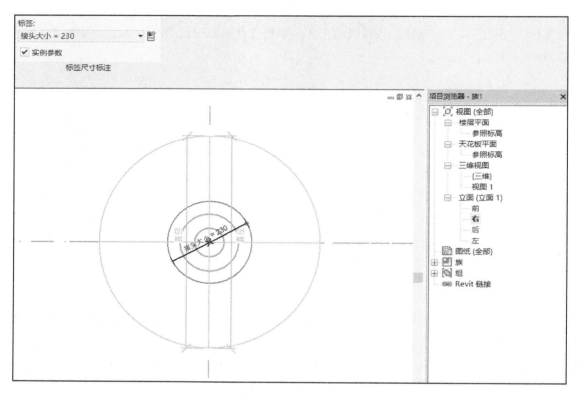

图 6-34　关联参数

8）回到平面，虽然主体部分已经完成，但是过滤网部分还没绘制。过滤网与主体呈现一定的角度关系，并且需要通过同样的拉伸来建模，这个时候必须在拉伸方向垂直角度上绘制一个参照平面，并命名为"参照视图"，这样才能在此方向进行拉伸模型的绘制，同时在与参照平面平行的方向新建剖面视图，利用剖面视图进行绘制（图 6-35）。

9）进入剖面，创建拉伸时提示选择工作平面，选择刚才建立的参照视图。选择工作面如图 6-36 所示。

10）在剖面中，同主体的建模方式一样拉伸两个圆柱体，设置半径大小为 40mm 与 60mm，此大小应该根据实际的构件大小而定。在平面上固定两个圆柱的关系，使形体与 Y 形过滤器一致，完成过滤网绘制如图 6-37 所示。

11）在功能区选择"修改"→"连接"命令，然后依次选择主体构件与过滤网构件，两个构件便可以实现连接，与真实的构件形体契合，深化过滤器造型如图 6-38 所示。

12）至此，构件的形体部分基本制作完成。同管件的制作一样，接下来关联连接件与

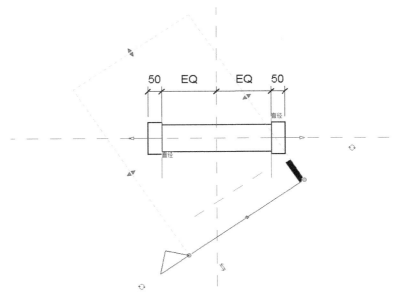

图 6-35　绘制参照平面及剖面视图

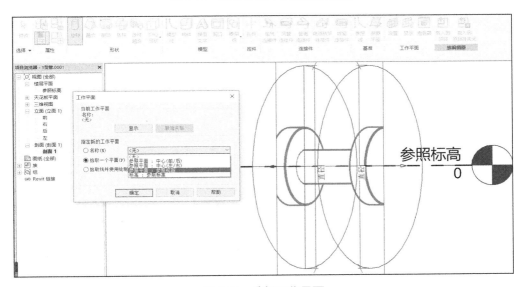

图 6-36　选择工作平面

直径的参数。回到族类型的参数管理中，勾选"使用注释比例"选项，在接头大小的公式中输入"直径+20mm"（图 6-39），表示接头大小将随直径变化而变化，一直保持大于直径 20mm。

13）到此处已经完成 Y 形过滤器的模型绘制，还需要增加平面显示的符号。为了满足符号能够随比例的变化而变化，需要用注释符号进行绘制。新建族，采用注释样板中的"公制常规注释"进行绘制。在注释族中创建线，并设置 Y 形过滤器符号居中，线的总长度为 3.0mm。绘制平面显示符号如图 6-40 所示。此长度数据来源于在 MEP 管道设置中管道注释尺寸的长度值，只有这两个数据吻合，符号与管线的显示才能完全结合。

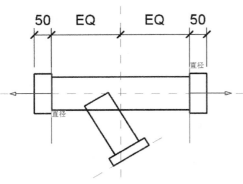

图 6-37　完成过滤网绘制

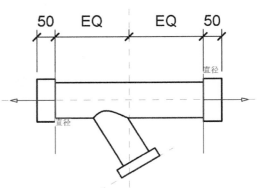

图 6-38　深化过滤器造型

图 6-39　添加公式

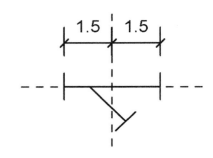

图 6-40　绘制平面显示符号

14）将注释符号载入到族中，并放置在中心位置。放置注释符号，如图 6-41 所示。设置构件主体在中等及精细模型下显示，平面符号在粗略模式下显示。

15）这里有一个技巧，必须在族中绘制一根模型线，如果没有这根模型线，那么注释尺寸就不能被激活，为了不影响显示，可以让模型线不可见。

完成设置以后，将族载入到项目中并绘制到管道上，可以通过选中粗略、中等、

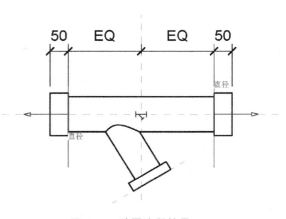

图 6-41　放置注释符号

精细等不同模式去查看显示的样式。不同精度下的显示效果如图 6-42 所示。

图 6-42　不同精度下的显示效果

a）中等及精细显示模式　b）粗略显示模式

6.5　设备的制作

设备的模型建模方法与管件、阀门附件的建模方式一致，这里不再讲述设备的模型绘制，主要讲解平面符号的表达。前面讲到，在二维表达的时候，构件都是通过平面符号进行显示，管件采用的是模型线，而阀门附件采用的是常规注释，模型线的特点是不会随图样比例变化而变化，而常规注释将随图样比例的变化而变化。

在一般的表达习惯中，二维的图例能表达真实的尺寸大小，所以应该通过模型线来进行真实大小的表达，此处介绍另外一种与模型线表达类似的详图项目，此种方式可以方便族的管理与修改。

1）制作完成水泵构件主体，并为水泵添加主要的构件参数。完成水泵绘制及参数关联如图 6-43 所示。

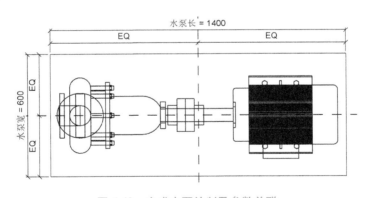

图 6-43　完成水泵绘制及参数关联

2）通过选择"文件"→"新建"→"族"命令，找到详图项目样板，进入详图项目的新建界面，在详图项目中用"线"绘制出水泵的形状，利用尺寸标注的"EQ"使水泵在中心线上对称，并添加水泵符号的长宽尺寸标注。在族参数中添加名称为长度和宽度，参数类型为尺寸标注的两组参数，将添加的参数与水泵符号的尺寸标注关联。关联参数后的水泵符号如图 6-44 所示，此时水泵符号将一直保持与中心线对称，并且在后面的步骤中关联水泵模型的长宽参数后跟随模型的大小自动变化。

3）完成水泵符号的长宽参数后，可以看到电动机符号存在斜线与一条中间分隔线，为

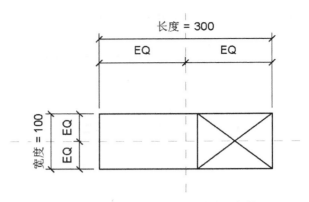

图 6-44　绘制水泵符号并关联外形参数

了驱动线的自动调整，应该制定参数，并将值设定为长度的 1/3。添加电机长度参数如图 6-45 所示。

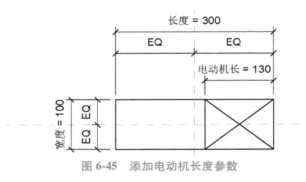

图 6-45　添加电动机长度参数

4）在制定好水泵符号后，将其载入水泵族中，并在水泵符号属性参数里将值与水泵的值进行关联，详图项目的长宽将随水泵的变化而变化，并设置好不同精度下的显示状态。关联符号及水泵参数如图 6-46 所示。

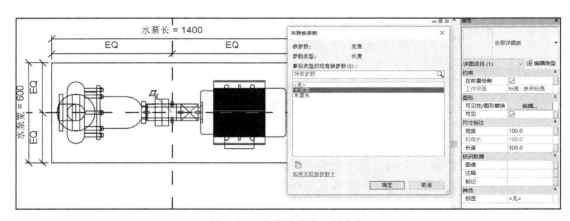

图 6-46　关联符号及水泵参数

完成后，将水泵载入项目中，可以看到水泵的平面符号在二维时的长宽与水泵实际的长宽完全一致。

6.6　族的特殊用法

6.6.1　机械设备采用常规注释表达

本书前面提到机械设备的二维图例采用详图项目或模型线进行表达，但在实际的使用中存在一定的表达问题。被遮挡显示的消火栓如图 6-47 所示。此处列举两个问题：

1）管线将打断设备的显示。

2）立管将遮挡设备的显示。

图 6-47　被遮挡显示的消火栓

这两个问题出现，是因为出图采用的模式是优先显示管线的，因此管线将出现打断或者遮挡设备的情况，即使在族中加入了遮罩，依然无法避免这样的问题，实际上符合表达的消火栓应该如图 6-48 所示。

图中的管线与设备相互间不影响显示，这是因为此处采用的是常规注释来进行平面图例的表达。常规注释在平面中

图 6-48　符合表达的消火栓

会跟随图样的比例发生变化，那么有什么办法可以即保证显示效果，又能实现真实尺寸的表达呢？

在权衡利弊后，可采用如下解决方案：在族中添加"视图比例"参数，如图 6-49 所示，当项目比例不同时，可以改变比例参数，驱动常规注释的显示与实际的设备尺寸相关联。

图 6-49　添加"视图比例"参数

6.6.2 将常规注释做成标记族

本书前面提到立管的显示优先于其他的设备，比如图 6-50 中被遮挡显示的地漏，由于管线的遮挡，完全不能看出地漏的形态，虽然可以通过平面区域的方式进行解决，但是这样的效率很低。

这个时候可采用一种特殊做法：将地漏的图例做成常规注释族，将常规注释族载入地漏的标记族中，最终在项目完成时，通过一键标注所有地漏的方式将标记族覆盖在地漏实体上，注意此时应该取消引线，否则将无法使标记族放置在地漏正上方。通过这样的方式，可以很好地解决地漏被遮挡的问题。符合表达的地漏如图 6-51 所示。

图 6-50　被遮挡显示的地漏

图 6-51　符合表达的地漏

第 7 章

Revit 图纸创建与导出

7.1 出图视图与标注

7.1.1 出图视图创建

为了方便设计调整，用户常常会调整视图的显示，以便于查看构件的关系，为了不影响已经制作好的图样，可以将出图视图与建模视图分开建立。用户可以通过视图的名称来区分建模视图与出图视图，也可以通过"浏览器组织"进行分级划分。

1）在进行视图浏览器组织调整前，应确保视图属性中存在相应的参数，本节以添加的文字参数为例进行分组。在视图属性中添加"视图分类-父"与"视图分类-子"两组参数，并给参数值。添加视图参数如图 7-1 所示。

2）在"项目浏览器"→"视图"项上单击鼠标右键，在弹出的菜单中选择"浏览器组织"选项，打开浏览器组织设置，如图 7-2 所示。

图 7-1　添加视图参数

图 7-2　打开浏览器组织

3）在浏览器组织窗口可以看到，有两个选项卡"视图"与"图纸"（图 7-3），"视图"选项卡主要控制在视图浏览器中的视图窗口，而"图纸"选项卡主要控制图纸空间的视图窗口。在"视图"选项卡中，可以看到几种预设好的视图名称，可以进行新建或者编辑。新建一个名为"视图组织"的新类型。

4）单击"编辑"按钮打开浏览器组织属性窗口，可以看到"过滤"与"成组和排序"选项卡，（图 7-4）。"过滤"选项卡可以控制哪些满足指定条件的视图可以显示在视图页面中，"成组和排序"可以归类图纸。在"成组和排序"选项卡中，首先按照"视图分类-父"设置，然后按照"视图分类-子"设置。

图 7-3 浏览器组织窗口

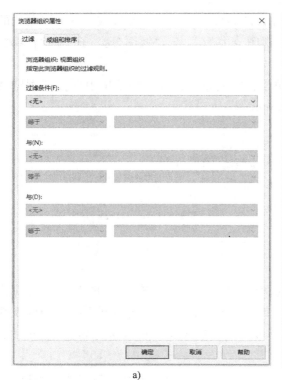
a)

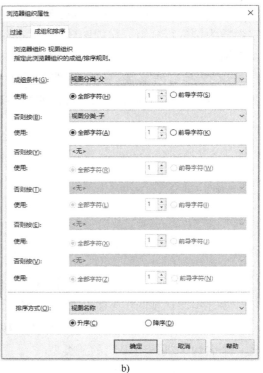
b)

图 7-4 浏览器组织属性窗口

a）过滤条件设置窗口 b）成组和排序设置窗口

视图显示分组效果如图 7-5 所示。

视图的分组方式有多种多样。在分组选择中，参数名称必须是视图属性中存在的参数，在已有参数的基础上，可以对视图进行任意的分组。

7.1.2　底图处理

在设置好图纸分类以后，就可以对图纸显示内容进行调整，通过过滤器、视图控制、平面区域等方式将图面显示信息设置完善。对于建筑底图，一般采用建筑提供的提资底图，可以通过视图控制建筑底图的显示。

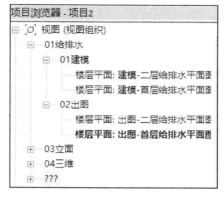

图 7-5　视图显示分组效果

1）在插入链接模型后，打开视图可见性/图形替换设置窗口，进入"Revit 链接"选项卡，选择建筑底图文件，勾选"半色调"（图 7-6）。

图 7-6　勾选链接"半色调"

2）半色调的设置相当于底图淡显，半色调的比例可以通过管理菜单设置，选择功能区"管理"→"其他设置"→"半色调/基线"命令打开半色调/基线设置窗口，如图 7-7 所示，在半色调亮度设置中进行调整，一般比例设置为 75。

3）单击链接可见性/图形替换设置中"显示设置"命令，打开 RVT 链接显示设置窗口，将视图显示设置为自定义（图 7-8）。在"链接视图"下拉菜单中选择建筑提供的底图

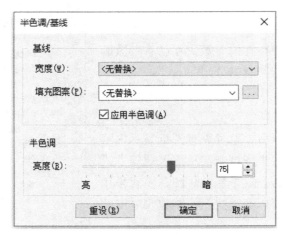

图 7-7　半色调/基线设置窗口

平面，这样底图才能正确显示建筑的标注和显示设置。

图 7-8　RVT 链接显示设置窗口

4）在 RVT 链接显示设置窗口最上方切换到"模型类别"与"注释类别"选项卡，将显示设置为"自定义"，便可以对建筑底图中模型的显示进行线型、线宽、颜色等调整。自定义设置构件显示如图 7-9 所示。

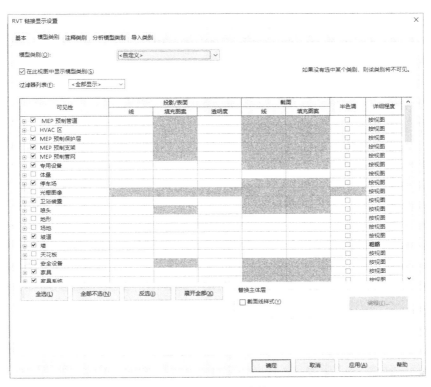

图 7-9　自定义设置构件显示

以一个小房间的建筑底图为例，设置前后的对比效果如图 7-10 所示。

图 7-10　设置前后的对比效果

a）淡显设置前　b）淡显设置后

7.1.3　图纸拆分

图纸拆分应该结合图框的情况，当图框无法装下整个区域的图纸而需要对图面进行拆分时，可以利用"裁剪视图"进行图纸的拆分。裁剪视图的方法在前面已经讲解，在此不进行细致的步骤讲述。可以将视图进行复制，然后将每个区域的视图利用"裁剪视图"分隔为多个区域，以实现图纸拆分。

复制视图的时候，可以在视图浏览器中视图的名称上单击鼠标右键，在弹出的菜单中选择"复制视图"→"复制作为相关"命令，这样就可以实现各区域视图跟随主体视图的调整而变化，无须在不同的视图上进行单独的调整。

7.1.4 图面处理

图面处理主要是通过过滤器、视图显示控制、平面区域、视图深度等对图面进行处理。处理后的视图应具有相关需要表达构件，各构件的显示效果与出图的要求一致，此时除标注以外，图面上的显示应该完善。

7.1.5 图纸标注

在确定图面处理与布图以后，应在图面添加相关尺寸标注、管道标注、立管编号标注、特殊的地漏标注等，添加标注显示效果如图 7-11 所示。这里要注意的是管线文字标注。管线文字是一种特殊的表达方式，按照传统的绘图习惯，用户会在管线上增加文字注释，以表示此管道属于什么系统，一般情况下，常用系统的缩写进行表示。

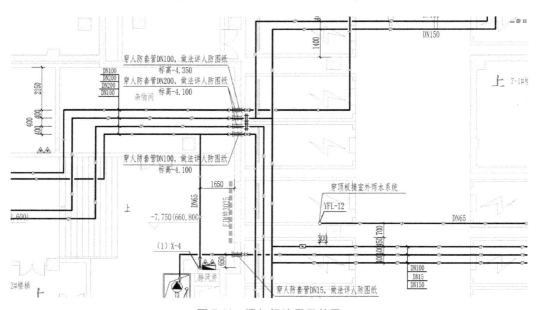

图 7-11 添加标注显示效果

由于在传统的绘图中，管线文字是通过线型文字进行表示的，通过前面的讲解可以知道，在 Revit 中没有线型文字的显示，因此没办法通过线型替换进行文字表达。这里提出一种新的表达方式：利用管道标记进行线型文字的表示。

制作与线型文字大小一致的管道标记，并让标记提取管道系统中的系统缩写，前提是管道系统中的系统缩写应具有相关的参数。比如，消火栓系统中的管道缩写应该是"X"，这样标记出来就会形成管线文字 X 的显示样式。

标记只能单个添加，即使采用"全部标记"也只能在每段管道的中间位置添加一个文字标记。可以看到文字标记是按照一定的间距均匀分布在管道上的，所以采用软件自带的添加标记功能无法满足需求。在市面上有如鸿业等插件可以实现文字标记的自动添加，也可以采用 Dynamo 自己编写程序进行自动添加，后面会讲到如何使用 Dynamo 进行设计辅助。

对于三维视图，只有部分标记能在三维视图进行添加，但可以通过锁定三维视图的方式进行所有标记的添加。在确定好三维视图的方向与边界以后，在视图控制栏选择"保存方向并锁定视图"命令，锁定视图菜单如图 7-12 所示。在视图方向锁定后便可以对图中构件添加标注。

图 7-12　锁定视图菜单

7.1.6　明细表创建

明细表是 Revit 中常用的一种功能。在传统项目中，计算项目的工程量则必须根据图纸用人工的方式进行工程量的统计计算，耗费较大的人力物力，而 BIM 可以从模型自动提取工程量，无须人为的二次计算，效率极高。

明细表可通过选择功能区"分析"→"报告和明细表"→"明细表/数量"命令进行新建，新建明细表窗口如图 7-13 所示，在弹出的新建明细表窗口选择需要统计构件的类别，输入明细表的名称，单击"确定"按钮即可进入明细表属性窗口。

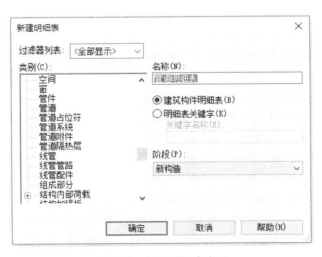

图 7-13　新建明细表窗口

在明细表属性窗口包含 5 个选项卡，分别对明细表进行 5 个选项的控制：

（1）字段选项卡　通过添加过滤的字段来提取管道的种类、大小、长度等信息，明细表字段设置窗口如图 7-14 所示，左侧为可用的字段，右侧为明细表字段，通过单击"➡"

"⇐" 按钮进行添加与删除，在选中的右侧的数据下方单击上移或下移调整在其明细表中的位置。勾选最下侧选项"包含链接中的图元"时会统计连接文件中同类型的构件数量。

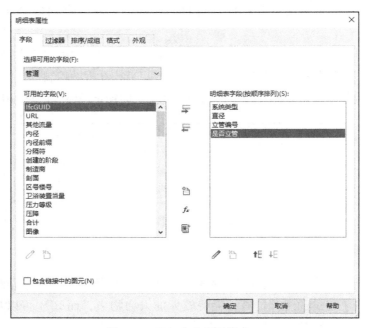

图 7-14　明细表字段设置窗口

（2）过滤器选项卡　过滤器选项卡中可以设置过滤条件，明细表过滤器设置窗口如图 7-15 所示。添加"是否立管"的过滤条件，并给定参数值"是"，那么将只统计立管。

图 7-15　明细表过滤器设置窗口

（3）排序/成组选项卡　用于按照某一个参数值进行排序和分组，明细表排序/成组设置窗口如图 7-16 所示。如果勾选了"逐项列举每个实例"复选框，那么将不能进行分组合并，每个实例都将进行单独的显示。

图 7-16　明细表排序/成组设置窗口

（4）格式选项卡　可设置明细表参数值的显示方式，并可以对如长度等参数进行统计计算，明细表格式设置窗口如图 7-17 所示。

图 7-17　明细表格式设置窗口

（5）外观选项卡　外观选项卡中可以对明细表的线宽、字体、显示样式进行自定义调整，明细表外观设置窗口如图 7-18 所示。

明细表显示效果如图 7-19 所示，如出现不能正常显示值的情况，可能是因为本身不存在值，也可能是分组后不同值的构件合并显示，但是值不同，所以不能显示具体的值。在图 7-19 中，立管编号中没有相应参数，是因为未设置立管编号参数的分组与排序，所以相同系统类型和直径的管道立管编号可能不一致，这个时候便无法进行显示。

在明细表中的所有数据均与实际的模型关联，如果改动模型，明细表数据将自动发生变化，如果改动明细表，那么模型的数据也将发生相应变化。

图 7-18　明细表外观设置窗口

图 7-19　明细表显示效果

7.1.7　绘图视图的创建

绘图视图是一个与建筑模型没有关联的视图，单击功能区"视图"→"绘图视图"命令打开绘图视图创建窗口，如图 7-20 所示，可以输入视图名称及选择比例。在完成绘图视图的创建后，可

图 7-20　绘图视图创建窗口

以在绘图视图中绘制线或放置详图族。

　　绘图视图不会与真实的模型空间关联，在绘图视图中没有模型，在模型中也没有绘图视图中的构件，因此绘图视图常用于系统图、图例、设计说明等出图构件的制作。图 7-21 为喷淋系统图，所有的构件都是通过注释族、线、文字构成的，与真实的模型不存在关联。

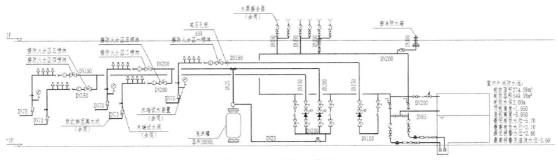

图 7-21　喷淋系统图

7.2　图纸的创建

7.2.1　创建图纸

　　图纸主要用于布置出图视图的空间，在图纸空间可以排布多个出图视图。图纸的创建通过单击"视图"→"图纸"命令进行，在弹出的窗口中选择图框，当无图框时选择"无"即可，确定即可完成创建。可以对创建的新图纸进行编号及重命名，也可以对图纸空间的组织方式进行调整，调整方式同视图的调整。

7.2.2　放置图框

　　图框族载入项目以后，可以在创建图纸时选择图框，也可以在图纸创建后，通过在项目浏览器的族中找到图框族，直接拖动到图纸空间的方式进行图框的创建。

7.2.3　放置出图视图

　　在确定好图纸的空间图框的大小后，可以将视图排列在图框中。视图的放置可以通过单击"视图"→"视图"命令打开选择视图界面，也可以在项目浏览器中拖拽选定的视图到图纸界面。

　　放置好的图纸可以编辑视图名称样式，视图名称可作为图纸的名称使用，如"给排水一层平面图 1:100"等样式。在图纸空间选中放置的视图，可以看到属性窗口的族类别为视口，视口属性如图 7-22 所示，下面的族类型为本视图的图纸名称样式，可以修改或者新建视口的类型来实现不同的显示效果。需要注意的是，视图只能在一个图纸空间中放置一次，也无法在多个图纸空间放置同一个视图。

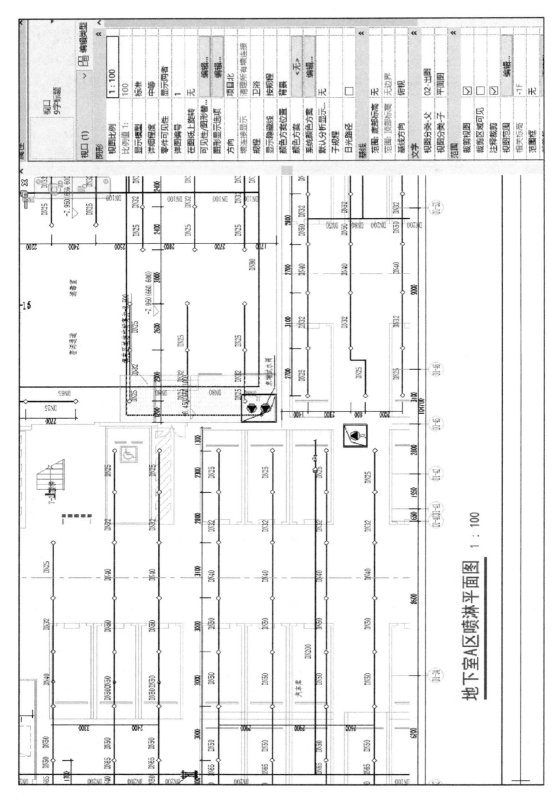

图 7-22 视口属性

7.2.4 添加文字说明

在设计时，有部分需要进行说明的可在图纸中增加文字说明，在视图或者图纸空间均可以添加文字说明，为了便于调整，可将文字说明添加在图纸空间。在图纸空间中，选择"注释"→"文字"命令进入文字的添加功能，可以选择文字的样式和格式，在图纸中放置好文字以后便可以对其进行文字编辑，添加注释文字显示效果如图 7-23 所示。

给水排水系统图

注：1. 管道标高均为管中心标高，±0.00标高为565.000。
2. 消火栓栓口高度均为1.10m。

图 7-23 添加注释文字显示效果

7.3 图纸的导出与打印

7.3.1 导出 CAD 样式设置

由于目前依然需要 CAD 图进行图纸审查和施工指导，有了模型及通过模型生成的图纸，可以将图纸导成 CAD 格式。在导出到 CAD 格式之前，必须对导出的样式进行设置，通过选择"文件"→"导出"→"选项"→"导出设置 DWG/DXF"命令打开导出设置窗口，可以新建或修改导出设置样式，在导出设置中，可以对导出对应的图层、线型等进行显示设置。

1. 层

导出层设置窗口如图 7-24 所示，在层设置中，主要控制模型导出到 CAD 中以后所在的图层及图层分类的方式。在层设置页面的最上方可以看到两组设置选项："导出图层选项"

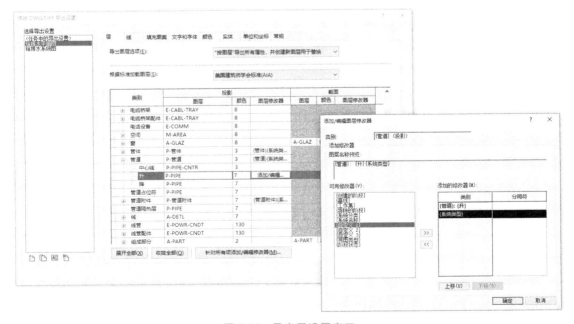

图 7-24 导出层设置窗口

与"根据标准加载图层"。根据标准加载图层主要用于提供预设的图层对应关系,如果选择自己设置导出图层的对应关系,那么此选项可不做调整。导出图层选项中存在三种设置,每一种都有不同的对应方式:

(1)"按图层"导出类别属性,并"按图元"导出替换 在没有替换图层或增加图层修改器条件时,构件将显示在视图中的图形或颜色,但同一类别的图元在 CAD 中将在同一图层上,颜色及线宽、线型将不随层。

(2)导出所有属性,但不导出替换 在视图中的颜色、线型将被忽略,在没有图层替换及修改器条件时,导出 CAD 以后,同一类别图元在同一层上,显示颜色将按照层替换的设置显示为一种颜色。

(3)导出所有属性,并创建新图层进行替换 导出的图元将按照设定的颜色、线型进行分图层显示,线的颜色、线型、线宽将随层。

一般情况下选用第三种导出方式,此方法虽然图层较多,但可以方便地进行颜色的修改及替换。

2. 线、填充图案、文字和字体

在此几项设置中,用户可以在 Revit 中指定导出的线、填充及文字对应在 CAD 中的线型、填充图案、文字样式等,导出线设置窗口如图 7-25 所示,填充图案等设置窗口与线设置窗口相似,只需要在顶部选择中进行切换。

图 7-25 导出线设置窗口

3. 颜色

如图 7-26 所示,在导出颜色设置中,可以选择导出颜色的显示方式,有三种不同的导出模式:

（1）索引颜色　使用层选项中设置的颜色，颜色以 255 色进行显示。

（2）对象样式指定的颜色　使用模型、注释等对象样式的颜色设置，使用 RGB 色。

（3）视图中指定的颜色　使用在视图中显示的颜色样式，使用 RGB 色。

一般情况下，为了保证 Revit 中显示的样式与导出 CAD 的显示样式一致，多用第三种导出方法。

图 7-26　导出颜色设置窗口

4. 实体

实体主要用于三维导出时，在实体导出设置中，有两种导出模式，导出实体设置如图 7-27 所示，用"多边形网格"导出后将有构件的外部轮廓，但没有内部的实体填充，而用"ACIS"导出后能形成一个整体并保证内部填充的完整性。

图 7-27　导出实体设置

5. 单位和坐标

用户可以对单位及坐标关系进行导出设置,导出单位设置如图 7-28 所示,单位一般根据项目的单位进行选择,而坐标在没有设置共享坐标时,一般选择"项目内部"。

图 7-28　导出单位设置

6. 常规

在导出常规设置窗口可以对导出内容和部分显示进行设置(图 7-29),主要有以下几项:

图 7-29　导出常规设置窗口

（1）房间、空间和面积边界　勾选此项时，面积与房间边界将在导出后生成多段线，可以方便地进行房间的边界提取。

（2）不可打印的图层　根据设置的关键字进行分类，包含关键字的图层在导出到 CAD 以后将自动设置为不可打印层。

（3）隐藏范围框　如果视图中存在范围框，勾选此项后，在导出 CAD 时将不会导出范围框。

（4）隐藏参照平面　如果视图中存在参照平面，勾选此项后，在导出 CAD 时将不会导出参照平面。

（5）隐藏未参照的视图标记　如果视图标记没有关联参照相关视图，那么勾选此项后将不会导出参照标记，比如剖面符号等，如果需要导出剖面符号，应取消勾选。

（6）保持重合线　勾选此项后即使线重合也将进行导出，一般情况下不勾选。

（7）将图纸上的视图和链接作为外部参照导出　有多个视图或者连接时，勾选此项后，将出现多个 CAD 文件，如果只需要一张整体视图，则可不勾选。

（8）导出文件格式　用于选择导出的 CAD 版本。

7.3.2　导出 CAD 文件

选择"文件"→"CAD 格式"→"DWG"命令进入 DWG 导出窗口，如图 7-30 所示。在导出时应在窗口左侧选择设置的导出样式，在窗口右侧的"导出"下拉列表框中可以选择导出的内容。如果仅导出当前视图或图纸，可以选择"<仅当前视图/图纸>"，如果需要一次导出多个视图或图纸时，可以选择"导出<任务中的视图/图纸集>"，并在"按列表显示"下拉列表框中选择"模型中的所有图纸和视图"，在最下方的图纸或视图列表中勾选导出的内容，确定选择后，单击"下一步"按钮，选择存储位置即可完成导出步骤。

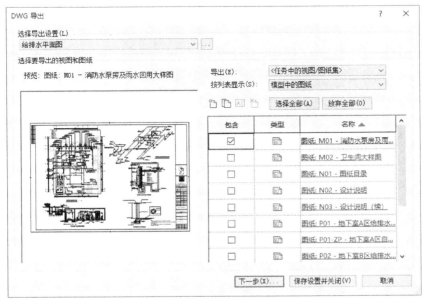

图 7-30　DWG 导出窗口

在图纸导出后，用户只能在图纸空间看到图框及排布规整的图纸，在模型空间可能存在图纸排布无规律的情况，因此看图时多在图纸空间进行。

7.3.3 导出 CAD 的处理

导出 CAD 以后可以发现，虽然多数的线显示样式与在 Revit 中保持一致，但最主要的问题是导出的 CAD 线为细线，而且线上文字无法正常显示，需要单独进行处理。

（1）线型处理　过滤出所有需要处理成粗线显示的图层，并隔离显示，按〈P〉+〈E〉键（选择多段线），输入命令"M"（选择多条模式），选择所有显示的线，确定后输入"Y"（将线转换为多段线），在弹出的窗口选择宽度，并输入值为 60，退出后即可完成粗线的处理。

（2）线上文字的处理　在处理完线型后，可以发现图样的文字在线的下方，不能正常显示为文字打断线的效果进行显示，这里就要用到文字遮挡，具体步骤如下：

1）在 CAD 中可以利用"Find"命令进行快捷选择，输入"Find"，打开查找和替换窗口，如图 7-31 所示，输入文字，如处理消防水管时，可以输入线型文字上的"X"，单击"查找"按钮，在列出的结果中选择所有只有 X 的选项（选择前，可以单击文字，那么排序顺序将按文字内容进行排列，可以按〈Shift〉键进行快速选择），并在右侧选择"创建选择集（亮显对象）"，这时所有的 X 文字被选中。

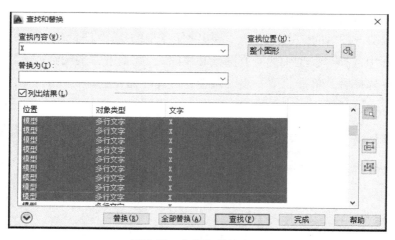

图 7-31　查找和替换窗口

2）单击文字的属性中"背景遮罩"项，打开背景遮罩设置窗口，如图 7-32 所示，勾选"使用背景遮罩"与"使用图形背景颜色"复选框，边界偏移因子可以设置为 1.00，单击"确定"按钮即可，但在此时还应有一个步骤，部分的文字可能在线的下方，因此需要在设置完成后，将文字的图

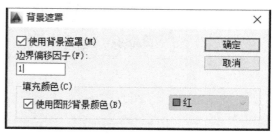

图 7-32　背景遮罩设置窗口

层前置，将文字放在线的上方显示，这样将能实现线型文字的显示效果，其他线型文字设置方法相同。

通过这样的方式能够以最快的方式处理完成一幅与 Revit 出图一致的 CAD 图，成图效果如图 7-33 所示，部分功能的位置可能因 CAD 版本的不同而有一定的差异。

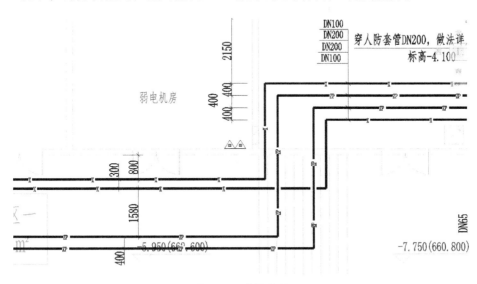

图 7-33　成图效果

7.3.4　图纸打印

在布置好图纸后，可以直接进行打印图纸。选择"文件"→"打印"命令，打开打印设置窗口，在"打印范围"栏可以选择打印的图纸内容，在"设置"栏中可以对打印界面进行布局及打印样式调整。打印设置如图 7-34 所示。

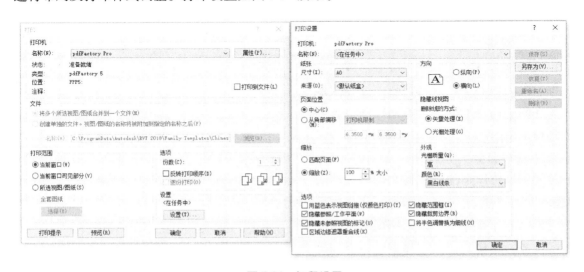

图 7-34　打印设置

第 8 章

Revit 高级应用

8.1 Revit 深度应用

8.1.1 中心文件

中心文件的工作方式使得所有人均在同一个模型文件中进行建模，但每个人都有自己的工作空间，在自己的工作空间中绘制的模型将属于本人所有，别人无法进行修改。这样做的方便之处在于所有人绘制的模型都在一个模型文件中，如果存在工作交接和配合时，协作将变得很方便，但也存在问题，比如多个模型在一起时，模型文件将会变得庞大。

在实际的项目中，多采用链接+中心文件的工作模式，即专业间采用链接的方式，专业内采用中心文件的工作方式。采用中心文件的工作方式，必须拥有服务器或者局域工作网，这样大家才能基于同一个模型文件进行协作。

中心文件的建立：在功能区选择"协作"→"协作"命令，打开中心文件设置窗口，如图 8-1 所示。在中心文件设置窗口中可以选择"在网络内协作"或"使用云协作"选项。

1. 在网络内协作

可通过网络基于存储于服务器或共享文件位置的中心文件进行协作，此方式多用于在同一网络下或者具有固定网络位置的条件下使用。

2. 使用云协作

使用云协作是指将模型文件保存在云端服务器，它适用于各种环境，即任何能访问外网的计算机都可实现协作。

选择"协作"→"工作集"命令即可进入工作集管理窗口，如图 8-2 所示。用户可以在工作集管理窗口中添加新的工作

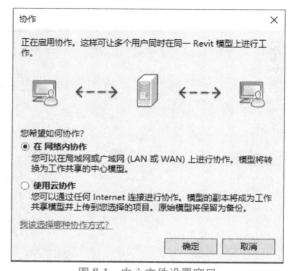

图 8-1 中心文件设置窗口

集，并对工作集的权限进行调整：

（1）可编辑　如果为"是"，那么用户将拥有工作集的所有权。因此，如果此工作集不是本用户工作的工作集，那么应该为"否"。

（2）所有者　显示此工作集拥有控制权所有者的名称，此名称通过选择"文件"→"选项"→"常规"→"用户名"命令进行设置，在项目开始前，应该指定不同用户的名称。

（3）借用者　表示在所有者同意后，临时借用此工作集中部分构件权限的借用者名称，在借用者完成修改后，即可同步归还权限。

（4）已打开　表示是否打开此工作集，只有在打开状态下才可见此工作集中的内容，如果关闭，那么所有的工作者都将无法看到此工作集中的内容。

（5）在所有视图中可见　主要控制工作集是否可见，本设置应该勾选，如果想关闭显示，应该通过在视图控制中进行设置，本设置会影响到其他工作者的显示。

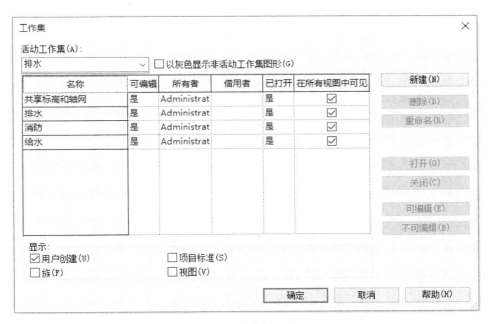

图 8-2　工作集管理窗口

完成工作集的新建以后，保存文件到服务器或者共享文件夹位置即可完成中心文件的创建工作。参与协同人员可以复制中心文件到本地工作文件夹，重命名并打开复制的本地文件，本地文件将记录中心文件的位置，这时便可以进行建模工作。

在建模前，必须注意下侧状态栏显示的工作集状态。绘图时，必须保证显示的工作集为应该工作的工作集，并且是可编辑状态（图 8-3），这样绘制的模型才能保存在此工作集空间中。

当需要保存文件或者完成建模时，可选择"协作"→"与中心文件同步"命令，此过程将保存修改到中心文件，并加载最新的模型。

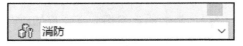

图 8-3 可编辑工作集状态

在使用中心文件时，除特殊情况，一定不要打开中心文件，也不能修改中心文件中的内容，否则将导致协同工作成员无法工作。当中心文件出现问题时，可以用最新的工作文件重新建立中心文件。

8.1.2 渲染

Revit 自带渲染工具，可以在模型完成后进行效果图的制作。渲染效果图必须通过相机视图进行。新建相机视图，并调整好视图的角度，选择"视图"→"渲染"命令打开渲染窗口，如图 8-4 所示。在渲染窗口中可以调整渲染的画质以及灯光等。

对渲染的要求越高，所需要的计算机运行时间也越长。如果有云端账号，那么可以使用云渲染，以便节省本地渲染时间。

在渲染之前，应该对构件的材质进行指定，材质的效果决定了最终渲染的效果。

8.1.3 碰撞检查

碰撞检查工具可以让程序自动检测模型中存在的碰撞并做出碰撞点报告，用户可以使用此工具在设计阶段解决各专业间的协调问题，提高设计质量。碰撞检查可用于存在项目中的所有 Revit 模型文件，包括链接的模型文件。

碰撞检查通过选择"协调"→"碰撞检查"→"运行碰撞检查"命令，打开碰撞检查设置窗口，如图 8-5 所示，在设置窗口中"类别来

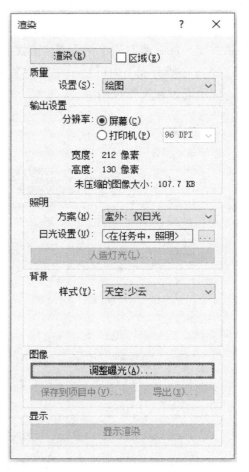

图 8-4 渲染窗口

自"一栏通过下拉菜单可以选择需要运行碰撞检查的两个项目，可以在本项目文件中的构件与本项目文件中的构件之间做碰撞检查，也可以在本项目文件中的构件与链接文件中的构件之间做碰撞检查。在选择好需要碰撞检查的两个项目文件后，在下方勾选需要做碰撞检查的构件类别。在完成选择后，单击"确定"按钮则可开始进行碰撞检查。

运行完成后，如果弹出的运行结果显示窗口提示"未检测到冲突"，如图 8-6 所示，则说明选择的构件间没有碰撞。

图 8-5　碰撞检查设置窗口

图 8-6　运行结果显示窗口

如果弹出冲突报告窗口，如图 8-7 所示，则表示选择的构件间存在相关碰撞。

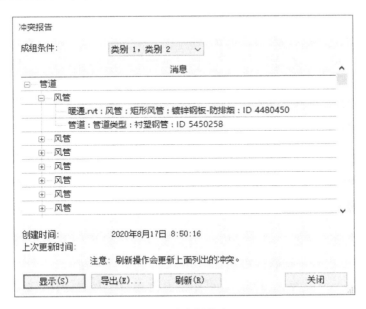

图 8-7　冲突报告窗口

可以选择每一个碰撞的构件，单击"显示"按钮，视图将自动定位到碰撞构件，并高亮显示，如图 8-8 所示。单击"显示"按钮后，有可能出现不能定位到构件的情况，这可能是视图中的构件无法显示或被遮挡，可以通过多次单击"显示"按钮寻找最清晰的视图，也可以通过 ID 号查找选择构件。

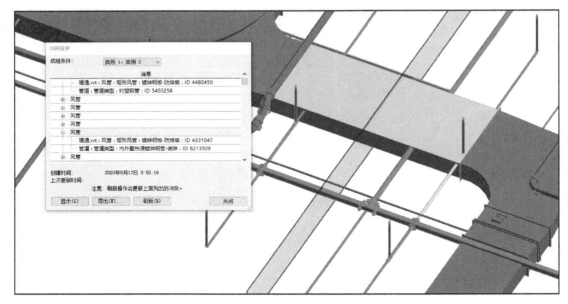

图 8-8　定位到碰撞构件

8.1.4　插件提升设计效率

Revit 是一个很好的面向对象的工具，用户可以通过程序对构件进行程序化的调整，以此提升效率，目前已有很多提升效率的工具。

（1）鸿业 BIMSpace、橄榄山　可用于设计辅助，内涵辅助建模、出图标注、设计计算等主要功能。

（2）橄榄山、翻模大师　可用于翻模、建模辅助，内涵快速翻模、辅助建模、出图标注等主要功能。

（3）构件坞、族库大师　可用于族库下载、内涵大部分常用的族类型，可根据需要进行选用。

8.1.5　与其他软件的交互

Revit 虽便于建模、出图，但对于模型浏览及空间体验模拟等尚欠缺相应的方式方法，随着时间的推移，已出现一些软件可用于与 Revit 模型进行交互：

（1）Navisworks　欧特克公司产品，可用于漫游查看、动画制作、碰撞检测、项目进度管理等。

（2）Fuzor　它是具有较为真实效果的软件，可用于漫游查看、动画制作、项目进度管理、场景模拟、施工模拟等，可实现与 Revit 模型的联动。

（3）Enscape、Lumion、Twinmotion　可用于效果图或者漫游动画制作，展示效果较好。

8.2　用 Dynamo 与 C#语言辅助设计

8.2.1　编程如何进行设计辅助

　　Revit 是一款很好的面向对象工具，它能在保证传统设计的习惯下提供三维的模型。在 Revit 中，所有的构件都具有相应的属性信息，并且构件的信息是唯一可查找的，所以用户可以通过程序定位构件，并提取构件信息或者修改构件信息。

　　Dynamo 是一款可视化编程插件，在 Dynamo 中，包含很多程序包，通过这些程序包的自由组合形成从构件信息获取到信息处理，最终实现信息返回等一系列操作。除 Dynamo 以外，用户也可以通过制作软件宏的方式进行程序编写，当然，对于专业人士，也可以使用二次开发工具，使用程序语言进行信息处理。

　　利用程序可以实现很多快捷设计的方式，比如判断立管、立管编号、图面处理、一键标注等。系统图需要人工手动绘制二维线的方式，这是目前给水排水 BIM 设计最大的难题。对此，用户可以利用程序进行自动的系统图绘制，这将很好地解决平面系统不一致的问题，并为设计提升效率。

8.2.2　用 Dynamo 定义立管

　　本书前面提到，用户需要过滤显示立管使其能够满足出图的表达，通过过滤器过滤出立管并指定立管的线宽，但这个过滤过程的前提是立管中必须存在相应的参数。在一个项目中的立管很多，因此不能够逐一地进行参数值添加，这时便可以用到程序进行自动化添加，但前提是构件属性中必须有与程序读取参数名称一致的参数。

　　首先应该想清楚如何进行立管的判断，应该根据管道特征进行比较。在 Revit 中，除了立管、水平横管和斜的管道，并没有其他样式的管道，那么对于立管与其他管道可以通过立管的属性进行对比。

　　在对比中可以发现，立管具有以下特征：①坡度值为"未计算"；②开始偏移与端点偏移的值不相等。

　　因此，可以基于这些值判断出立管，并将参数值赋给管道，定义立管程序逻辑如图 8-9 所示。

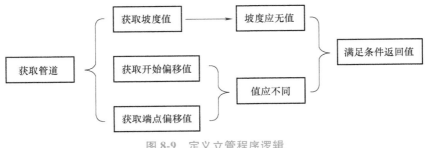

图 8-9　定义立管程序逻辑

定义立管 Dynamo 程序图见附录 A。

8.2.3　用 Dynamo 自动标注管上文字

在出图时，管线上的文字标注工作量很大，而且为了保证美观，标注的间隔及位置必须与管道一致，这个过程通过人工完成难度很大，通过 Dynamo 可以实现自动化标注，自动标注管上文字程序逻辑如图 8-10 所示。

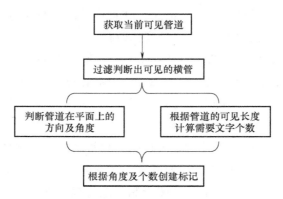

图 8-10　自动标注管上文字程序逻辑

自动标注管上文字 Dynamo 程序图见附录 B。

由于程序制作时没有指定标记族的类型，所以如果按照上面程序进行文字标记时，需要在运行程序前在 Revit 中使用管线文字标记族手动添加标记一次，程序会默认使用上一次的标记进行自动添加。当然，也可以自己添加指定标记族的程序块或者对程序做出逻辑优化。

8.2.4　用 Dynamo 自动编号消火栓立管

在传统设计中，每个消火栓的立管都应该有编号，编号过程工作量大且容易出错，所以可以使用 Dynamo 实现消火栓立管的自动编号。此处主要对每个消火栓 DN65 的立管编号，每组编号都应该有防火分区号，自动编号消火栓立管程序逻辑如图 8-11 所示。

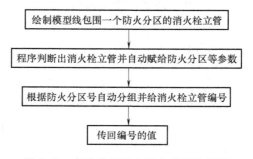

图 8-11　自动编号消火栓立管程序逻辑

Dynamo 程序分两个部分，程序如下：

（1）第一部分　写入"防火分区号""是否消火栓短立管参数"，写入参数 Dynamo 程序图见附录 C。

第一部分写入参数运行界面如图 8-12 所示，用户可以在此选择范围线和输入参数值。

图 8-12　写入参数运行界面

（2）第二部分　自动排序并将编号赋值给立管编号参数，自动编号排序 Dynamo 程序图见附录 D。

需要注意的是，本书使用的 Dynamo 版本为 2.0.2，由于版本不同，程序逻辑存在一定的差异，因此在采用上述程序时，版本应该一致，并注意程序的运算逻辑选择，程序的运行逻辑在每个运行模块的右下角进行设置。程序运行逻辑设置菜单如图 8-13 所示。

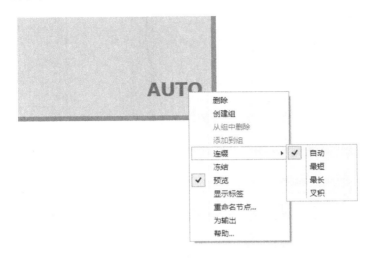

图 8-13　程序运行逻辑设置菜单

下面以一个实例操作讲解如何使用程序进行自动编号：

1）绘制一组立管，如图 8-14 所示，公称直径为 DN65，系统为消火栓系统，系统缩写为 X。

2）绘制模型线，在平面上包围立管，如图 8-15 所示。

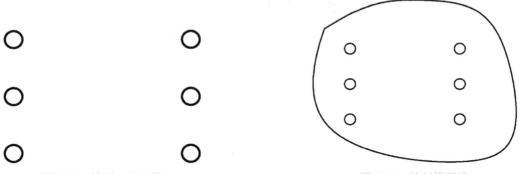

图 8-14　绘制一组立管　　　　　　　　　　　　　　图 8-15　绘制模型线

3）运行"防火分区号""是否消火栓短立管参数"写入程序，运行参数结果可以在属性中查看，如图 8-16 所示。

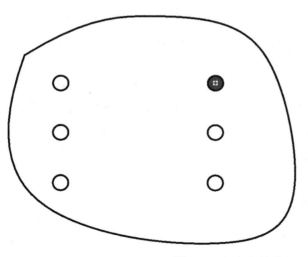

图 8-16　运行参数结果

4）运行自动编号程序，完成立管自动编号。标记立管如图 8-17 所示。

图 8-17　自动标记立管

8.2.5　用 C#语言实现隐藏喷淋短立管

在完成喷淋管线出图时可能遇到这样的情况（图 8-18），当设计的喷淋为下喷时，会在喷头中间有立管符号影响喷头显示，当设计的喷淋为上喷时，实际在传统的表达中，上喷只有喷头的圆线，没有中间立管显示的圆线，如果单独隐藏立管，则会在喷头中间出现一根线，这将会与传统的下喷喷头表达一样，不符合表达习惯。

对于下喷设计，可以直接隐藏立管，对于上喷设计，隐藏立管后的线为三通或弯头在平面显示时的线，因此需要对三通、弯头及立管进行处理。三通、弯头可以进行单独制作，如鸿业程序定义管径时，将三通及弯头替换为不显示线的构件，当然，也可以设置程序将原有的三通及弯头进行隐藏，此处利用程序隐藏下喷设计立管显示，如图 8-18 所示。

图 8-18　隐藏立管显示

a）隐藏立管前　b）隐藏立管后

如果采用手动隐藏，则工作量很大，而且失去了设计的意义。用户可以使用程序进行一次性隐藏设置，本书的示例使用 C#语言对下喷设计进行图面处理。隐藏喷头立管程序逻辑如图 8-19 所示。

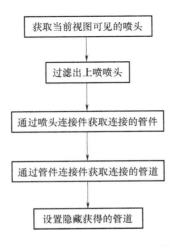

图 8-19　隐藏喷头立管程序逻辑

程序代码如下：

```
using System;
using System.Collections.Generic;
using System.Linq;
using System.Text;
using System.Threading.Tasks;
using Autodesk.Revit.UI;
using Autodesk.Revit.DB;
using Autodesk.Revit.UI.Selection;
namespace HelloRevit
{
[Autodesk.Revit.Attributes.Transaction(Autodesk.Revit.Attributes.
TransactionMode.Manual)]
    public class Class1 : IExternalCommand
    {
        public List<Element> A = new List<Element>();//下喷喷头
        public List<Element> B = new List<Element>();//与喷头连接的管件
        public List<Element> C = new List<Element>();
        public List<ElementId> D= new List<ElementId>();
        public Autodesk.Revit.UI.Result Execute(ExternalCommandData
revit, ref string message, ElementSet elements)
        {
            UIDocument uidoc = revit.Application.ActiveUIDocument;
            Document doc = uidoc.Document;
            View vi = uidoc.ActiveView;
            ElementId id = vi.Id;
            FilteredElementCollector fec = new FilteredElementCollec-
tor(uidoc.Document, id);//获得当前视图中的所有元素
            ElementCategoryFilter fil = new ElementCategoryFilter
(BuiltInCategory.OST_Sprinklers);//喷头过滤器
            ElementCategoryFilter fpipe = new ElementCategoryFilter
(BuiltInCategory.OST_PipeCurves);//管道过滤器
            ICollection<Element> el = fec.WherePasses(fil).ToElements
();//获得所有的喷头
            ICollection<Element> pipe = fec.WherePasses(fpipe).
```

```
ToElements();//获得所有的管道
        foreach (Element i in el)
        {
            FamilyInstance fi = i as FamilyInstance;
            FamilySymbol fs = fi.Symbol;
            Family fm = fs.Family;
            string s = fm.Name;
            if (s.Contains("下喷"))
            {
                A.Add(i);
            }
            else
            { continue; }
        }//将下喷 element 赋值给列表 A
        foreach (Element j in A)
        {
            FamilyInstance J=j as FamilyInstance;
            ConnectorSet con=J.MEPModel.ConnectorManager.Connectors;
            foreach (Connector m in con)
            {
                ConnectorSet conne = m.AllRefs;
                foreach (Connector mk in conne)
                {
                    Element ele = mk.Owner;
                    if(ele.GetType().ToString()=="Autodesk.Revit.
DB.FamilyInstance")
                    {
                        B.Add(ele);
                    }
                }
            }
        }//将连接下喷喷头的连接件赋值给列表 B
        //TaskDialog.Show("revit", B.Count.ToString());
        foreach (Element k in B)
        {
```

```
        FamilyInstance mk = k as FamilyInstance;
        ConnectorSet co = mk.MEPModel.ConnectorManager.Connectors;
        foreach (Connector connector in co)
        {
            ConnectorSet cons = connector.AllRefs;
            foreach(Connector jk in cons)
            {
                Element element = jk.Owner;
                if (element.GetType().ToString()=="Autodesk.Revit.
DB.Plumbing.Pipe")
                {
                    C.Add(element);
                }
            }
        }
    }//获得所有的喷淋短立管赋值给集合C
    foreach(Element et in C)
    {
        ElementId Eid = et.Id;
        D.Add(Eid);
    }
}Transaction cts = new Transaction(doc, "penlin");
}cts.Start();
}ICollection<ElementId> E = D as ICollection<ElementId>;
}vi.HideElements(E);
}cts.Commit();//隐藏喷头短立管
}return Autodesk.Revit.UI.Result.Succeeded;
        }
    }
}
```

第 9 章

建筑给排水工程 BIM 设计案例

本章以一栋建筑的给排水工程设计为例，介绍 BIM 设计流程。

1. 建模阶段

1）新建文件，预设管道类型及管道系统，选择"管理"→"MEP 设置"→"机械设置"命令，分别对隐藏线、管道的显示进行视图显示控制，隐藏线设置参数如图 9-1 所示，管道设置参数如图 9-2 所示。

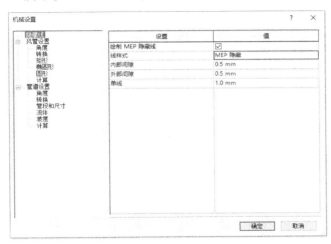

图 9-1　隐藏线设置参数

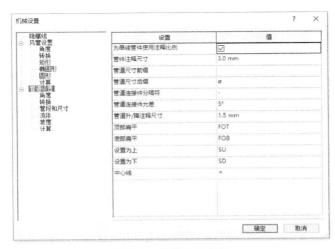

图 9-2　管道设置参数

2）设置线宽值，根据每种线的用途进行设置线宽，满足使用需求即可。线宽设置窗口如图 9-3 所示。

图 9-3　线宽设置窗口

3）指定管道系统中图像替换的线宽及颜色（图 9-4），每个需要用到的系统都应该设置，在设计表达中，管线的线宽一般为 0.600mm，在线宽设置窗口指定的线宽值与其对应，并选择对应的线宽编号。

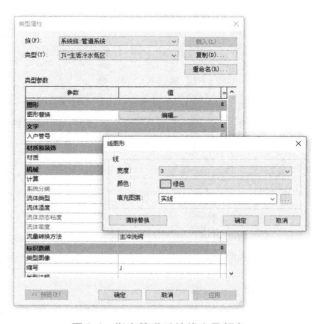

图 9-4　指定管道系统线宽及颜色

4）将建筑 Revit 模型链接到新建的文件中，链接定位采用与各专业约定的定位方式，保证各专业模型能在同一模式下准确定位（图 9-5）。

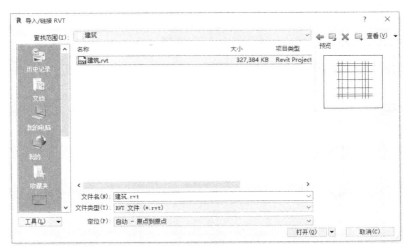

图 9-5　链接建筑模型

5）在立面视图或剖面视图中按照链接文件自带的标高新建标高系统，保证标高值与链接文件一致（图 9-6），如果看不到链接文件的标高或本文件的标高，则需要调整视图的显示属性和视图范围。

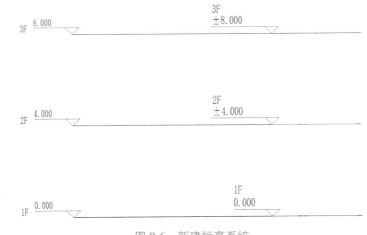

图 9-6　新建标高系统

6）选择"视图"→"平面视图"→"楼层平面"命令，创建新增标高系统的平面视图，如图 9-7 所示。

7）在视图控制中选择显示"按链接视图"选项，并对应选择建筑的提资视图，当无建筑提资视图时，可以采用建筑的出图视图，并进行自定义显示设置。链接显示设置如图 9-8所示。

8）确定给水、排水、消防、喷淋立管的位置及大小，并绘制模型。绘制立管。如

建筑给排水工程 **BIM** 设计

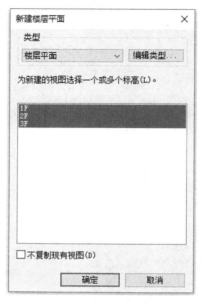

图 9-7　新建平面视图

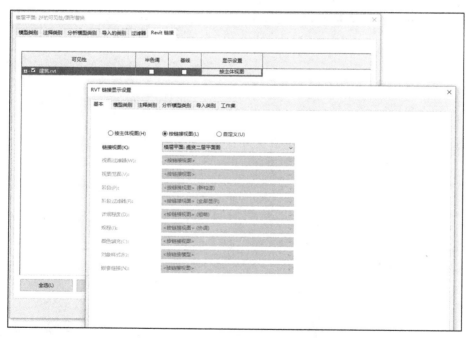

图 9-8　链接显示设置

图 9-9 所示。绘制管道时，管道的类型应与材质一致，系统应与实际所在系统保持一致。可通过三维或控制显示查看梁的位置，避免与梁碰撞。

9）确定消火栓位置，并放置消火栓模型，完成绘制平面主要管线及设备，如图 9-10 所示。

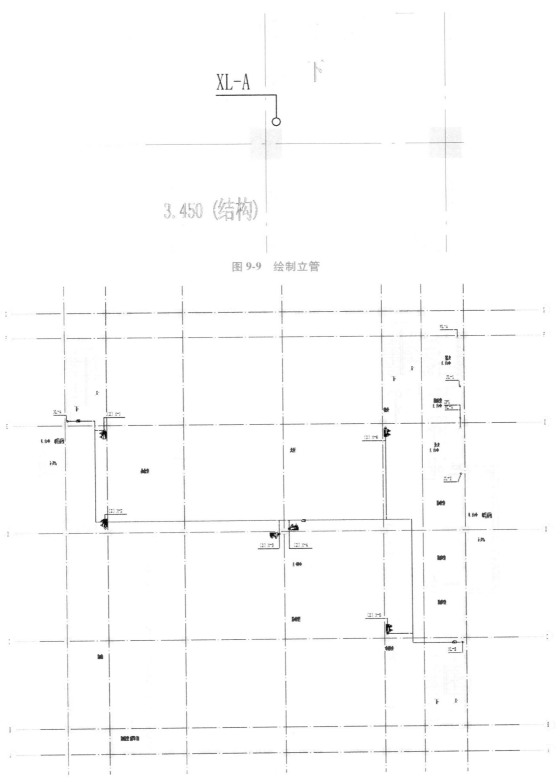

图 9-9　绘制立管

图 9-10　绘制平面主要管线及设备

10）完成绘制喷淋（图 9-11）。绘制喷头和定义管径时，可以采用插件，如鸿业等，可提升建模的效率。在绘制过程中，应注意利用三维的可视化，注意喷头、管线与梁及其他专业的碰撞。由于按照传统的出图习惯，喷淋支管会单独成一张图，所以习惯上将喷淋支管单独成一个喷淋支管系统，以便进行模型拆分，在与主管处连接处不进行真实的连接。如果希望将所有的喷淋管道出在一张平面图上，应根据实际的表达需要而定。

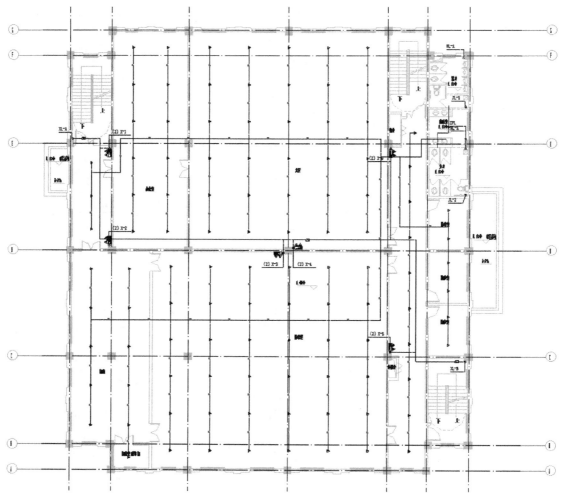

图 9-11　绘制喷淋

11）绘制卫生间排水点位的立管与横管，此时注意不要连接立管与横管（图 9-12），以便在横管完成后进行管道坡度定值。

12）在完成管道绘制后，确定最低点标高，统一给定排水坡度，所有的横管将按照坡度自动调整标高，不与立管连接是为了避免立管在此步骤也被给定坡度。完成坡度的指定后，即可连接所有的管道（图 9-13）。在实际的坡度定义过程中，可能出现部分管道坡度不连续，或者连接件反向的情况，这个时候可以断开管道后，重新定义错误管段的坡度，最后再连接所有的管道，此过程操作比较烦琐，用户也可以利用如鸿业

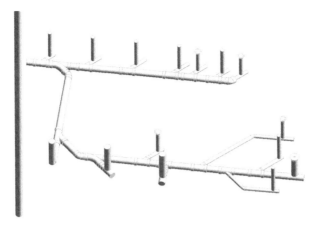

图 9-12　绘制卫生间排水点位的立管与横管

BIMSpace 等插件进行坡度定义，可以很好地解决不连续的问题。

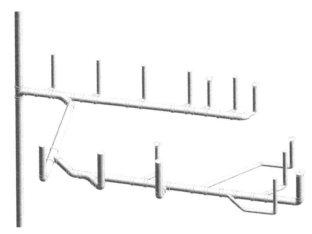

图 9-13　完成管道连接

13）完成卫生间给水管绘制及消防、喷淋上所有阀门附件的建模，其他层相应完成设计（图 9-14）。

2. 平面出图

1）出图过程需要添加图纸标注及模型信息，用户应该在单独的平面进行出图标注，在此过程中可以复制建模视图或新建出图视图，并根据需要确定平面视图的数量。如果本项目喷淋与给水排水及消防平面图的出图分为两张图，那么应新建两个视图，并按出图名称命名出图视图。

2）在进行标注前，必须先确定出图的比例，出图比例关系到标记的显示大小和位置排布。一般情况下，应该根据建筑提供的出图比例和图纸大小进行设置，也可以根据实际需要进行本专业的出图设置。

在确定出图比例之前，必须新建图纸视图，将图框与出图视图排列在图纸视图中。排列图框与视图如图 9-15 所示。一般情况下，平面图采用 1∶100 的出图比例，详图采用 1∶50

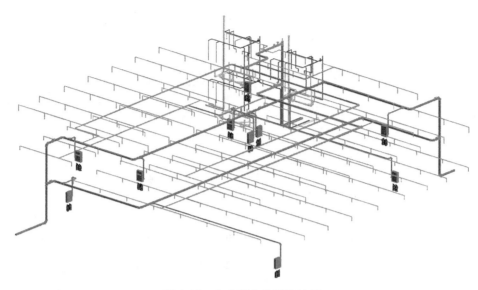

图 9-14　完成所有模型的绘制

的出图比例，用户可以按此进行图框大小的选择。

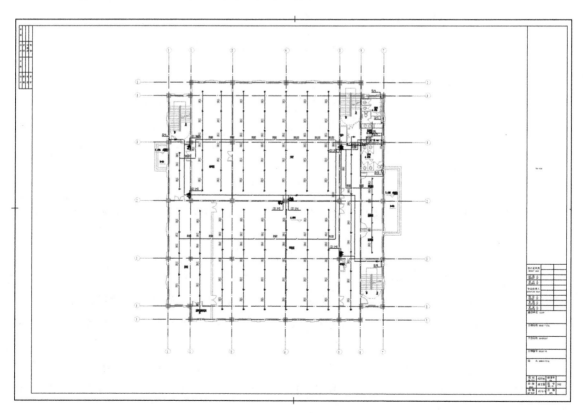

图 9-15　排列图框与视图

3）通过过滤器控制显示，在给水排水及消防平面图隐藏显示喷淋支管，在喷淋平面图中隐藏显示其他管线。

4）设置视图的显示范围，将不需要显示的管线使用平面区域进行显示调整或采用单独的构件隐藏，如卫生间的支管、下层局部显示的横管等，并用程序为立管添加是否立管的判断值。隐藏不显示构件如图 9-16 所示。

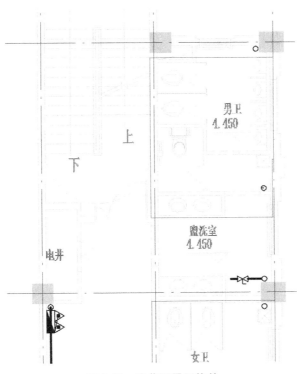

图 9-16　隐藏不显示构件

5）在给水排水及消防平面图中添加过滤器，设置立管线宽为 0.2mm，设备、阀门附件显示线宽为 0.025mm，并打开线宽的显示。给水排水及消防出图平面处理如图 9-17所示。

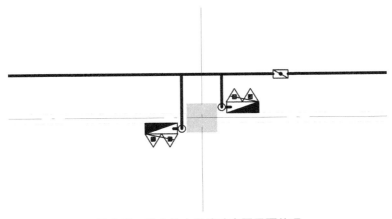

图 9-17　给水排水及消防出图平面处理

6）在喷淋平面图中，设置立管线宽为 0.2mm，喷头显示线宽为 0.025mm，并用程序隐藏喷淋短立管的显示，打开线宽的显示。喷淋出图平面处理如图 9-18 所示。

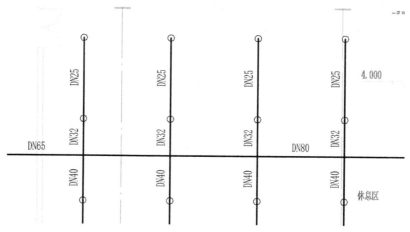

图 9-18　喷淋出图平面处理

7）创建立管编号值以及管道标记、尺寸标注等内容。创建标注如图 9-19 所示。

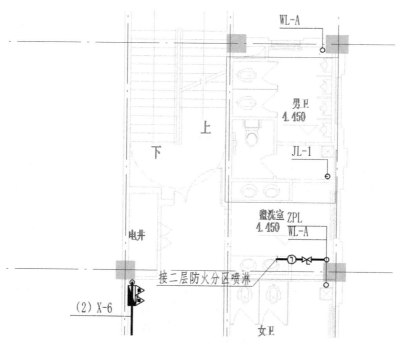

图 9-19　创建标注

对于部分的二维表达，如端管符号等，可以做成常规注释族，使用时直接调用放置，当然也可以做成基于管线的标记族。

8）利用程序添加管线文字，如图 9-20 所示。

9）布置平面视图到图纸中，并在属性中选择视口显示类型，此视口显示将作为图纸名

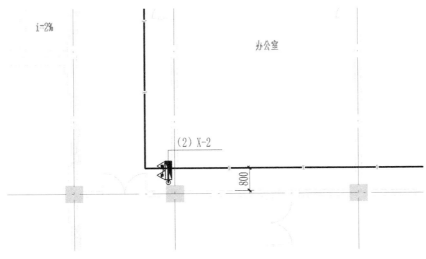

图 9-20 添加管线文字

称进行显示。用户可以在图纸空间中添加文字注释，用作单独的设计说明。添加图名及文字说明如图 9-21 所示。

二层给水排水及消防平面图 1:100

注：所有消火栓栓口距地高度均为1.10m。

图 9-21 添加图名及文字说明

3. 创建系统图

1）由构件的显示控制生成系统图存在一定的技术问题，目前系统图的绘制方式多采用二维的系统图，所以在创建系统图时，需要选择"视图"→"绘图视图"命令，新建绘图视图，将系统图绘制在绘图视图中。在新建绘图视图时应该确定视图比例，一般情况下，可以采用1:100的比例。

2）在绘制系统时，可以选择"注释"→"详图线"命令，进行系统图的制作，当然也可以运用如鸿业 BIMSpace 等插件生成系统图，利用生成的系统图进行修改。系统图如图 9-22 所示。

在绘制系统图时，需要注意系统图中线型的选择，控制系统图中管线的宽度为 0.600mm，注释、阀门附件的线宽为 0.200mm。在绘制系统图之前，可以将阀门附件等常用且不发生形式变化的构件做成注释族，这样在绘制过程中可以直接调用这些注释族，提高工作效率。

3）将系统图视图布置在图纸空间中，操作同平面的出图布置。

4. 创建详图

1）创建详图出图视图，并利用视图裁剪将图面裁切为详图需要的表达区域大小，设置显示比例为 1:50。添加过滤器，设置立管显示线宽为 0.200mm，阀门附件显示线宽为

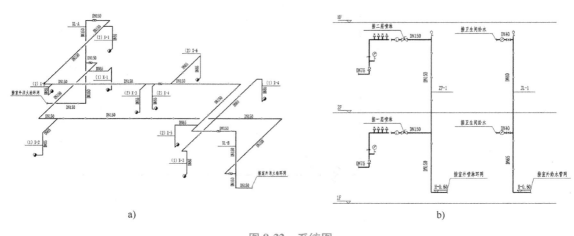

图 9-22 系统图

a) 消防系统轴测图 b) 喷淋及给水原理图

0.025mm，利用隐藏或平面区域，仅保留图面需要表达的内容。详图平面处理如图 9-23 所示。

2) 创建平面标注及地漏、检修口，使用标记族进行平面处理，完成详图平面的绘制。完善平面标注如图 9-24 所示。

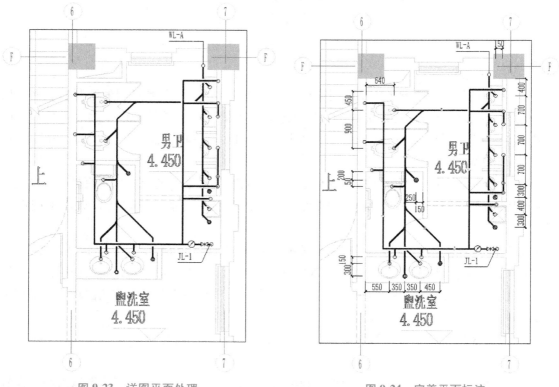

图 9-23 详图平面处理

图 9-24 完善平面标注

3）新建给水与排水轴测图的绘图视图，绘制或生成管线的系统图，并添加标注。完成系统轴测图绘制（图 9-25），完成卫生间大样的系统轴测图绘制。

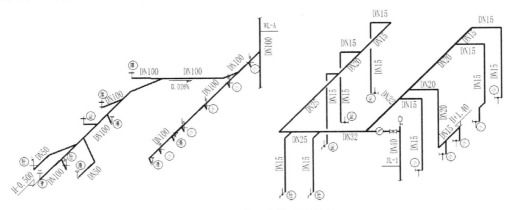

图 9-25　完成系统轴测图绘制

4）新建图纸视图，将图框、大样出图平面、系统轴测图等布置在图纸空间中，完成图框布图（图 9-26）。

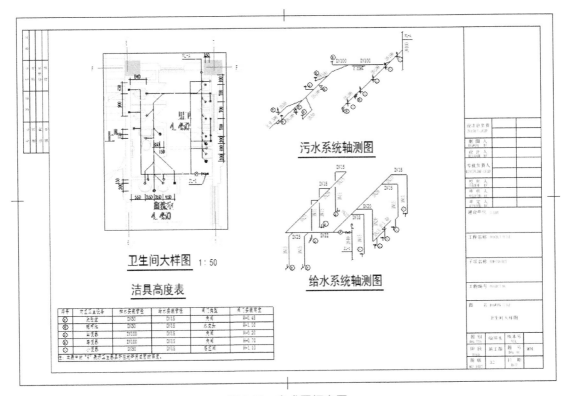

图 9-26　完成图框布图

所有的图纸完善以后，可以完善图框中图签的信息。至此，此项目的设计已经完成，可以进行最终的图纸打印工作。

附　录

附录 A　定义立管 Dynamo 程序图

附录 B　自动标注管上文字 Dynamo 程序图

附录 C　写入参数 Dynamo 程序图

附录 D　自动编号排序 Dynamo 程序图

注：附录中的 4 幅程序图通过扫描二维码下载后阅读。

后 记

　　本书主要讲述了如何使用 Revit，并提供了使用 Revit 进行给排水 BIM 设计的方法，可实现直接使用 Revit 进行全 BIM 设计，同时，部分方法可适用于所有专业的 BIM 设计。

　　但实际上部分点并没有实现真正的 BIM 设计，如系统图的绘制，目前依然采用人工绘制，与传统的二维设计并没有太大的差别，同样存在系统与平面设计不一致的问题。当然，全部采用三维构件直接生成系统图也是可行的，但是并不能很好地适用于所有的图面表达。在系统图中，多数只是示意表达，与现实的构件和管线存在差异，这与 BIM 的实际运用存在一定的不一致，解决这类问题有两个办法：

　　1）系统图原本作用就是增强表达，很多平面无法表达清楚的位置可以通过系统来进行类似三维的表达，可以让设计者以外的人员从三维空间关系了解设计意图。但实际上，有了三维模型，可以从多个角度去了解设计意图，比系统图更为形象，因此系统图并不具有其原本的优势，如果能取消系统图的表达方式，那么将不存在需要用二维绘制系统图的问题。

　　2）可以运用 BIM 进行构件的信息化深度运用，在表达标准统一的情况下，进行二次开发，让软件自动绘制系统图，不再用人工绘制，那么将不会出现平面图与系统图表达不一致的问题，这也将是一个可行的解决方式。

　　BIM 可以有更多的运用，可以利用程序实现全自动的出图标注与设计，也可以将 BIM 模型运用于建筑全生命周期，甚至实现整个建筑项目的全智能建造。相信未来，人们将进一步开发并利用更多更好的信息化工具逐步实现工程行业的智能化生产与管理，大幅度地解放劳动力。

编　者